Linux
の繪本
快速上手LINUX的九堂課

株式会社アンク 著・何蟬秀 譯

SE
SHOEISHA

Linux の絵本

(Linux no Ehon: 6319-2)

© 2019 ANK Co., Ltd

Original Japanese edition published by SHOEISHA Co., Ltd.

Complex Chinese Character translation rights arranged with SHOEISHA Co., Ltd. through JAPAN UNI AGENCY, INC.

Complex Chinese Character translation copyright © 2020 by 碁峰資訊股份有限公司 .

前言

大部分的人在考慮購買電腦時，應該都會選擇 Windows 或是 MacOS 作為作業系統（OS）。不過在大學、公司，及 Web 伺服器等領域從以前就常使用 UNIX 作業系統。其中又以 Linux 最為普及。由於近年來桌面環境以及安裝程式完備，有來越多人將其安裝於個人電腦中使用。此外，以 Linux 為基礎所製 Android 也是相當知名的智慧型手機與平板作業系統。

Linux 的特色之一，是使用者本身必須確實管理作業系統。由於原本就以輸入指令的管理與操作（CUI 環境）為主，即便採用桌面環境，還是經常會需要指令的相關知識。在還未習慣前，應該很難消除對輸入指令所抱持的抗拒感。若你也有這種問題，看完本書應該能為你打下扎實的基礎。

本書是由 2005 年出版的《圖解 UNIX 系統》修訂，並鎖定其中 Linux 的部分進行闡述。使用插畫與圖表對各個主題進行淺顯易懂的解說，內容包含透過命令列（command line）進行基本操作、系統管理，以及本地化等主題。Linux 也分為許多種類（發行版），本書將以較多人使用的 CentOS 8 與 Ubuntu 19.04 為背景來說明。

希望本書能幫助讀者更加理解 Linux 作業系統。

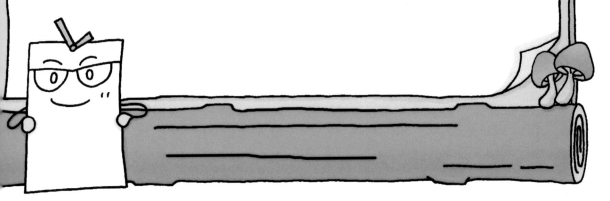

≫ 本書特色

● 本書以左右兩頁為單位完成單一主題的闡述，讓讀者印象集中不分散。這也能方便讀者之後搜尋所需要的內容。

● 當然，本書內容除了解說之外，也盡量大量提供具體的指令輸入與執行範例。但有些環境並無法使用本書所介紹的工具，或是輸入指令後產生的結果有所不同，敬請讀者見諒。

● 此外，本書出現的 CUI 介面，是在書中亦有介紹的虛擬環境 VirtualBox 上建構。相較於 Windows 等作業系統，周邊設備的支援未盡完善，依據所使用的電腦等環境可能出現無法使用的情況。周邊設備具體的支援狀況請洽個別供應商。

● 附錄中收錄了 VirtualBox、CentOS、Ubuntu 的安裝步驟，與書中出現指令的主要選項（option）等資料，在讀完本書並實際作業時，敬請多加利用。

≫ 對象讀者

本書以 Linux 初學者為對象。只聽過 Linux 這個名詞，以及工作場所中雖具備相關環境卻未曾接觸者，請務必翻閱本書。另外，對於嘗試要接觸工作場合中相關環境，或是希望在自己電腦中導入 Linux 卻感到挫折的讀者，本書應該也能有所助益。

≫ 關於標記

本書的格式規範如下。

【範例與執行結果】

【範例與執行結果】

實際顯示於畫面之內容

```
pwd
```

結果
```
/home/shiori/data
```

【字體】

黑體：重要詞彙

`List Font`：指令輸入時實際使用的句子與詞彙

`List Bold Font`：指令輸入範例與執行結果中的重點

其他

本書以 CUI 介面中的指令輸入為基礎展開討論。有些發行版在安裝後會直接變成 GUI 介面，參考本書之前請先轉換為 CUI 介面。

Contents

開始之前

作業系統的角色

在日常生活中，我們常會聽到「Windows」和「Mac」等電腦詞彙。「Windows」和「Mac」所代表的是作業系統（OS，Operating system）的種類。

作業系統指的是讓電腦（不限於個人電腦，而是包含伺服器等所有計算機）運作所需要的軟體。Windows 和 Mac 會隨著版本更新而升級，所有有些人可能覺得作業系統可以輕易更新，或是沒有特別意識到這過於理所當然的存在。但作業系統與應用程式卻是截然不同。

文書處理軟體與電子試算表等都是透過作業系統與電腦連結。應用程式是我們因應目的執行操作時所需要的工具，這些工具需要有作業系統才能使用。就像是銀行的 ATM 需要作業系統，智慧型手機與平板也安裝有專用作業系統一樣。作業系統在電腦的使用上不可或缺，扮演著非常重要的角色。

各位將在本書中學習的 Linux 也是作業系統的其中一種。

 **CUI 與 GUI**

作業系統在外觀的差異上大致可分為兩大類，透過鍵盤輸入**指令**（與電腦直接溝通的命令）操作的 **CUI**（Character User Interface）環境，以及使用滑鼠操作檔案與資料夾的 **GUI**（Graphical User Interface）環境。

初期的作業系統全部都是 CUI，但後期 Mac 與 Window 等具備 GUI 的作業系統逐漸成為主流。GUI 的特色是狀態及設定方法明白易懂，而 CUI 也有一些優點，像是需要的資源（記憶體與磁碟空間）較少，安全性相較之下較高，容易將處理自動化等。因此，有些情況下反而不會採用 GUI，或是會在 GUI 的環境中操作 CUI（Windows 的 Server Core ／ Command prompt ／ Windows PowerShell 等）。

CUI

以文字為基礎的執行環境就稱為 CUI（文字使用者介面）。

GUI

使用圖形，讓使用者能直覺操作的執行環境就稱為 GUI（圖形使用者介面）。

UNIX 與 UNIX-like 作業系統

首先要從一種稱為 **UNIX** 的作業系統開始談起。

UNIX 原本是由美國 AT&T 公司的貝爾實驗室所開發，後來發展出兩大路線。第一個繼承了貝爾實驗室製作的 UNIX，稱作 **System V 系統**。另一個則是承接加州大學柏克萊分校所開發的系統，稱為 **BSD** UNIX 系統。

UNIX 原本是運作於專用工作站的系統，為了讓它在個人電腦上運作而經過轉換的系統就稱為 PC-UNIX。**Linux** 是 PC-UNIX 中的代表，由於並沒有沿用 UNIX 的原始碼，有時也被稱為 **UNIX-like 作業系統**。

其他的 UNIX 分類方法，則有以研究機構為對象所公開的資訊為基礎，由大型電腦製造商針對自家電腦產品所開發、販售的（**商用 UNIX**），以及由使用者中的有志之士持續協力開發，基本上是以免費提供為前提的系統。

UNIX 的族譜

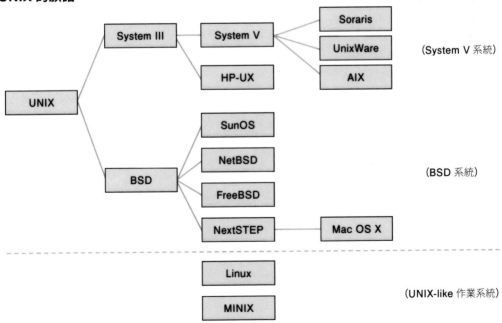

關於 Linux

如今說到一般使用者最有機會接觸到的 UNIX，那就非 **Linux** 莫屬了。Linux 是由 Linus Torvalds 所開發的一種 PC-UNIX，他在開發當時是芬蘭的研究生。Linus Torvalds 所製作的是作業系統的「核心（kernel）」（請參考第 8 頁）部分，後來成為開源軟體，原始碼免費公開，現在世界各地的使用者也在持續改進中。

≫ 開源軟體

將原始碼（程式的根本）公開，任誰都能自由使用，就稱為**開源軟體**。以企業所開發的軟體來說，為了確保利益，一般不會公開原始碼。也因此企業不會執行不符利益的開發，相對的也會在責任範圍內對開發軟體給予豐富的支援。相較於此，開源軟體只要受到使用者的支持，就會擁有迅速、有效改良，以及持續開發新功能等優點。但另一方面則可能無法提供周到的支援與服務。

開源軟體

- 只要從使用者的角度看來覺得方便，就能迅速實現。
- 容易得知使用者的評價
- 無法期待與企業同等程度的支援

企業開發

- 以企業利益為優先
- 有時難以得知使用者評價
- 充沛的支援

≫ 發行版

Linux 本身是開源軟體，但實際上企業與團體會附加自有的工具與支援等服務來製作成套件（package）。這就是**發行版**（distribution）。

發行版種類眾多，不過大約可分為 Debian、RedHat 與 slackware 這幾個系統。同系統發行版的套件管理（請參考 144 頁）方法是共通的。有名的發行版包含了 Debian 系統的 Ubuntu、RedHat 系統的 CentOS 等。本書則是以其中的 CentOS 8 為基礎進行說明。

許多發行版是可以免費從網路上下載的，不過也有些主要向企業販售，並提供豐富的支援。例如，RedHat 原本是免費的發行版，後來改變路線，變成付費版的 Red Hat Enterprise Linux(RHEL)。

著名的 Linux 發行版

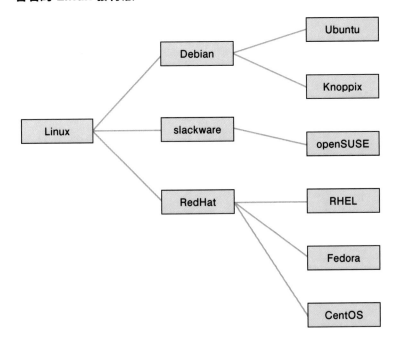

關於 BSD Unix 系統

這裡將再稍加介紹第 xi 頁也曾出現的 BSD UNIX 系統。**BSD** 是作業系統的總稱，這些系統都是衍生自加州大學柏克萊分校所開發、散布的 UNIX 軟體。其名稱也是以 Berkeley Software Distribution 為由。原本這個詞彙指的只是當時公開的軟體，如今則泛稱後續所衍生，並持續受到開發的同體系所有作業系統，例如 FreeBSD、OpenBSD、BSD/OS、NetBSD 等。

其中有名的為 FreeBSD。FreeBSD 是個人也可以使用的 PC-UNIX，其原始碼是免費公開的。

Linux 與 BSD 的授權型態也不相同。Linux 在重製時有公布程式碼的義務，BSD 所採用的授權方式則不相同，只要正確標示著作權，重製時可以不公開程式碼，也因此容易進行商業應用是它的優點。實際上並不是所有的 BSD 作業系統都是免費公開。另外，相較於 Linux 的開發主要是應用於電腦，BSD 則可以應用於各式各樣的硬體，發展相當多元。

終端介面的思考方式

在 Linux 與 UNIX 系統中，以「由多台電腦（**終端機**）透過網路連接安裝有 Linux ／ UNIX 的電腦（**主機**），並執行作業」為基本的使用方式。有多台終端機的情況下，會在 CUI 的環境中，由使用者於終端機輸入**指令**來操作主機。這個時候，從使用者接收指令，並將其傳遞給主機的就是終端介面（console）。

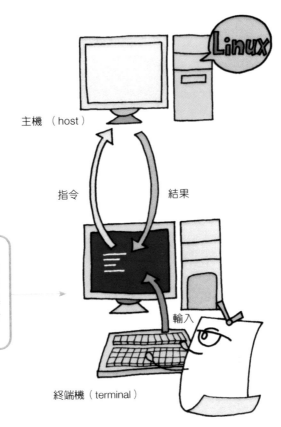

主機 （host）

指令　　　　　結果

終端介面
操作電腦時所使用的輸入、輸出裝置就稱為**終端介面**。有時候用於指令操作的應用程式與作業系統本身也稱為終端介面，或是**終端介面應用程式**。

輸入

終端機（terminal）

另一方面，近年來 Linux 有像 Mac、Windows 一樣單獨在 GUI 環境（**桌面環境**）中使用的趨勢。此外，Mac OS X 則是以 BSD UNIX 系統為基礎的作業系統。

意外貼近生活的 Linux 世界

Linux 經常被導入到企業與學校，但也會使用於一些意想不到的地方。例如，網路上有許多以 Linux 所營運的網路伺服器。如果是網路使用者，大部分應該都曾無意間使用過 Linux 伺服器所提供的服務吧！

只不過，以個人使用者來說，直接接觸 Linux 環境的機會確實不多。在以前，想在個人電腦上使用 Linux 的程序相當繁瑣。若要連上網路、使用印表機等，光是建立周邊環境就得花費許多心思，終於能夠使用後，也很常因為操作不易而感到挫折。因此，除了職場這種會預先準備好的環境之外，如果說 Linux 只受到部分狂熱者所使用也一點都不誇張。只不過，最近 Linux 開始普及，在筆電與虛擬環境上也開始能較簡易地安裝，有大幅貼近生活的趨勢，這是以前無法想像的。

請務必利用這個機會，體驗 Linux 的世界。

虛擬環境

如果身邊沒有 Linux 的環境，就必須自己建立。除非有特殊情況，否則即便存取並使用了 Linux 伺服器，也不太會有機會獲得管理員的權限。然而，準備一台新電腦並導入 Linux 的過程相當繁複，也要花費購置的費用。這種情況下可以考慮在 Windows 中建置 Linux 的虛擬環境。

虛擬環境指的是在作業系統上模擬（emulate）電腦的硬體，以軟體的方式建立電腦。以這種方式建立的虛擬電腦就稱為虛擬機器（或是虛擬 PC、虛擬伺服器）。Linux 則安裝在這台虛擬機器上。由於虛擬環境容易營造，在實際應用中，也被使用於可接受低處理效能的情況。另外，由於虛擬環境是在電腦中重現電腦環境，建構虛擬環境的電腦必須具備許多的磁碟容量、記憶體，以及良好的 CPU 效能。如果電腦效能低落，可能會出現虛擬環境中的作業系統處理速度過慢，難以實際使用，或是根本就無法建構虛擬環境等情況，務必要注意。

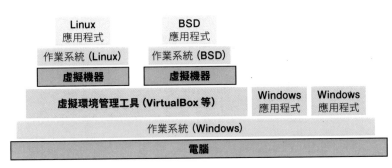

只要效能足夠，在一台電腦中建立多個虛擬環境也沒問題。

VirtualBox 的使用方式

使用虛擬環境需要專用的軟體。這裡將使用 Oracle 所提供的 VirtualBox 虛擬機器軟體。下圖是啟動 VirtualBox 管理員（管理畫面）的畫面。看左側的作業系統名稱，就能知道 Ubuntu 與 CentOS 已經安裝完成。在該名稱上點兩下後，虛擬機器的電源就會開啟，並啟動作業系統。

關於 VirtualBox 與 Ubuntu、CentOS 的安裝方法，將於附錄進行解說。

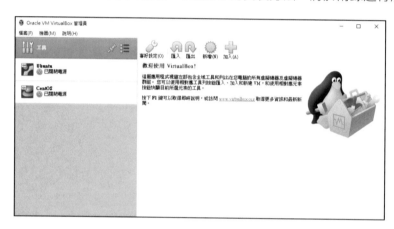

啟動後會出現以下畫面，如此一來就可以在視窗中使用其他作業系統。此外，也可以按下 Host+[F] 鍵（Host 在預設選項中是右邊的 [Ctrl] 鍵）切換為全螢幕。

滑鼠游標的移動有時會受限於視窗內，這種時候不要慌張，按下 Host 鍵就可以了。

如果要退出虛擬機器的作業系統，就要關閉視窗，並將虛擬機器的電源關閉。此外，按下視窗右上方的 [X] 鍵之後會出現下圖中的對話。選擇 [儲存電腦狀態]，並按下 [確定] 鍵之後，就可以直接將現在的狀態儲存。下一次啟動虛擬機器時，就可以接續操作。

CentOS 的使用方式

啟動虛擬機器，輸入使用者名稱與密碼後，就會出現 CentOS 的 GUI 介面。要從這個狀態中啟動 CUI 環境，要先點擊左上的 [概覽] 按鈕。

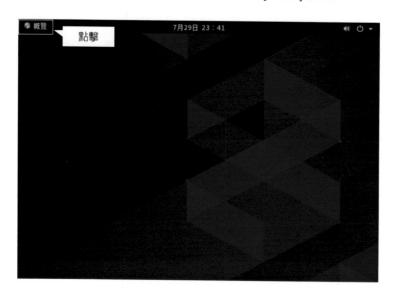

畫面切換後，點擊左下按鈕（顯示應用程式）。出現應用程式一覽後，再點擊 [應用程式] 中的 [終端機]。也可以在搜尋欄位中輸入「終端」，搜尋終端機的圖示。

啟動 [終端機] 後畫面如下。關閉 CentOS 中的視窗時，要點擊視窗右上角的 [X] 按鈕。

退出作業系統時，按下畫面右上方的▼按鈕後，再點擊電源圖示。

Ubuntu 的使用方式

啟動虛擬機器並輸入使用者名稱與密碼後，會顯示 Ubuntu 的 GUI 畫面。要從這個狀態啟動 CUI 環境，必須點擊左下的按鈕（顯示應用程式）。

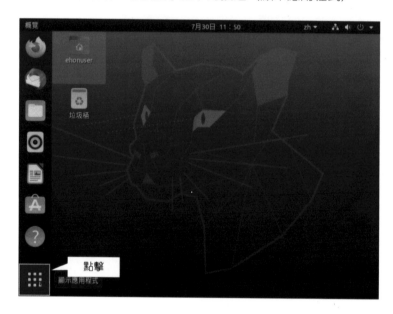

顯示應用程式一覽之後，向下滾動，點擊 [公用程式] 中的 [終端機]。

也可以在搜尋欄位中輸入 [終端機]，搜尋終端機的圖示。

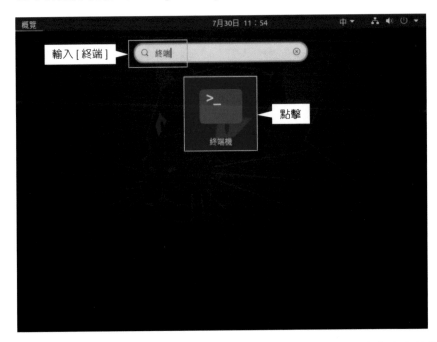

啟動終端機後畫面如下。關閉 Ubuntu 內視窗時，要點擊視窗右上方的橘色 [X] 按鈕。

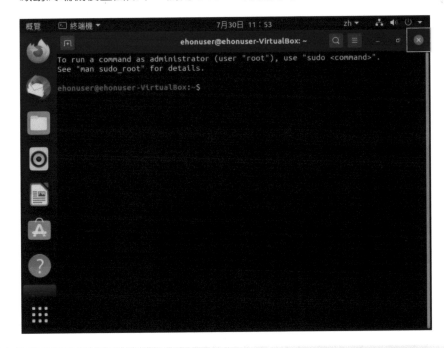

退出作業系統時，按下畫面右上方的▼按鈕後，再點擊 [關閉電源]。

Linux 的規則

Linux 具有一些特別的操作規則。首先，請記得**登入**（log in 或 log on）與**登出**（log out 或 log off）。Windows 系統只要開啟電源就可以自動登入，關機時也會自動登出，連關閉電源都自動完成。但是，Linux 系統對於「是誰從什麼時候開始使用？什麼時候結束？」的管理相當嚴謹。因此，登入與登出成為不可或缺的手續。此外，如果要關閉電源或是重新啟動，管理員也必須執行特別的指令。這是因為 Linux 原本是被設計為以多人使用為前提的伺服器作業系統，

因此，才會讓一般使用者無法任意關閉電源。

核心與殼層

核心（kernel）指的就是作業系統最基本的部分，**殼層**（shell）則是讓作業系統更容易使用的介面。如果沒有殼層，就無法將我們的想法傳遞給核心。就像是寫信時要選擇原子筆、鉛筆或是鋼筆等書寫用具一樣，我們可以依據目的與使用方便性，從各種殼層中做選擇。

目錄結構與檔案管理

學習 Linux 時的重點之一，就是**目錄結構**的思考方式。在 Linux 系統中，所有的檔案都是以**目錄**(directory)為單位來彙整與管理。雖然這在 Window 中也是同樣的概念，不過 GUI 環境在視覺上很容易理解，即使還不清楚目錄的結構，也可以進行作業。不過，Linux 是以 CUI 環境為基礎。在 CUI 環境中，如果不理解目錄結構並正確掌握檔案位置，將無法順利操作。還未上手前或許會覺得稍嫌繁瑣，不過要進階到下一階段，這可是一大要點，必須先搞清楚。

此外，Linux 與 Windows 在副檔名的使用方式上也略有不同。Window 中副檔名的主要使用目的是賦予檔案與應用程式的關聯性，不過在 Linux 系統中，為了識別檔案種類，更加偏重於使用者自行指定副檔名。因此也存在不具副檔名，以及以「.」為檔名開頭的檔案。另外，Linux 系統中時常稱「.(dot)」之後的文字為**尾綴**(suffix)。副檔名與尾綴嚴格來說並不相同，不過這本書還是會採用一般使用者也很熟悉的副檔名一詞。

本章將會統整並介紹學習 Linux 時必須事先知道的資訊。比起動手實作，一鼓作氣地閱讀延續的主題或許會讓人感到疲乏，不過請不要放棄，要循序漸進確實學習各個概念喔！

1 開始使用 Linux

2 基本的控制

3 掌握編輯器的運用

4 進一步運用 Linux

5 管理系統與使用者

6 開始使用 GUI

7 中文化環境

8 進階操作

9 附錄

以指令來操作

介紹與 GUI 操作感覺的差異與注意事項

以指令為基礎

就像「學習 Linux 開始之前」中所介紹的，Linux 主要是透過鍵盤來輸入指令。習慣以滑鼠操作的人，一開始或許會對以鍵盤輸入指令感到相當困惑。

在 GUI 環境中，如果要複製檔案，也只要一邊以眼睛確認「要從哪裡複製到哪裡」就能作業。然而在 CUI 環境中並不依賴視覺上的確認，而是必須明確以指令指示「要在哪裡進行什麼動作」。

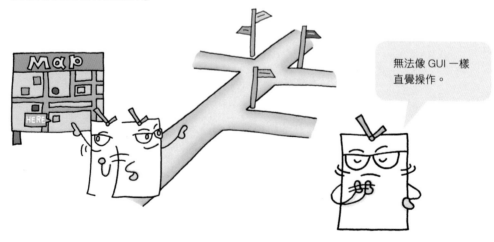

無法像 GUI 一樣直覺操作。

因此，使用者在腦中發揮想像的能力就變得非常重要。首先就從自己現在所在的位置，以及周圍有著什麼內容來確認看看吧！

1 開始使用 Linux

2 基本的控制

3 掌握編輯器的運用

4 進一步運用 Linux

5 管理系統與使用者

6 開始使用 GUI

7 中文化環境

8 進階操作

9 附錄

基礎指令的使用方式會在第 2 章介紹。

命令提示字元與命令列

系統在等待指令輸入的狀態下，所顯示的符號（＞、＄、＃等）就稱為**提示字元**（prompt）。此外，輸入指令的那一行稱為**命令列**。舉例來說，一般我們會說「在命令列（命令提示字元）輸入指令」。

提示字元

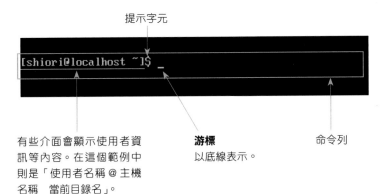

有些介面會顯示使用者資訊等內容。在這個範例中則是「使用者名稱＠主機名稱　當前目錄名」。

游標
以底線表示。

命令列

登入與登出

來看看最基礎的操作。

登入／登出是？

登入（log in）是指使用事先拿到的 Linux 系統使用者名稱（**使用者帳號**）與**密碼**，切換至可以使用 Linux 各種功能的狀態。**登出**（log out）指的是結束所有作業。

「log in、log out」與「log on、log off」是相同意思。

以 Windows 來說，輸入使用者帳號與密碼的過程是可以省略的。但是，Linux 一定會確認（驗證）登入的是哪一位使用者。

忘記密碼就不能登入。

建立新的 Linux 環境時，除了自己所使用的帳號與密碼外，也必須決定管理員帳號的密碼。

來看看實際上將 Linux 安裝為 CUI 環境時，登入、登出會是什麼樣子吧！

≫ 登入

① 啟動後，若是顯示
「login:」的話，要輸
入使用者帳號，並按
下 [Enter] 鍵。

```
CentOS Linux 8 (Core)
Kernel 4.18.0-80.el8.x86_64 on an x86_64

Activate the web console with: systemctl enable --now cockpit.socket

localhost login: shiori _
```

② 會需要輸入密碼，並
於輸入後按下 [Enter]
鍵。(密碼不會顯示
於畫面)。

```
CentOS Linux 8 (Core)
Kernel 4.18.0-80.el8.x86_64 on an x86_64

Activate the web console with: systemctl enable --now cockpit.socket

localhost login: shiori
Password: _
```

③ 認證完成後就登入成
功了。如果密碼有誤
則會顯示通知訊息。

```
localhost login: shiori
Password:
Last login: Thu Oct 24 16:03:49 on tty2
[shiori@localhost ~]$ _
```

```
Login incorrect
```
← 密碼錯誤時會顯示的訊息。

≫ 登出

① 輸入 logout 指令，
按下 [Enter] 鍵。

```
[shiori@localhost ~]$ logout_
```

② 順利完成登出後會
回到登入畫面。

```
CentOS Linux 8 (Core)
Kernel 4.18.0-80.el8.x86_64 on an x86_64

Activate the web console with: systemctl enable --now cockpit.socket

localhost login: shiori _
```

1 開始使用 Linux

2 基本的控制

3 掌握編輯器的運用

4 進一步運用 Linux

5 管理系統與使用者

6 開始使用 GUI

7 中文化環境

8 進階操作

9 附錄

核心與殼層

了解核心與殼層的關係

Kernel 是什麼？

Kernel（核心）是指作業系統的核心部分，也就是作業系統最基礎的部分。以 Linux 來說，核心被標示為 Kernel 4.18.0。Kernel 後方的號碼代表的是核心的版本。

核心

像 Linux 這樣的開源軟體，在世界各地會存在著相異版本的核心。由於不像 Windows 有供應商的支援，必須由系統管理者自行判斷並選擇最穩定的核心。

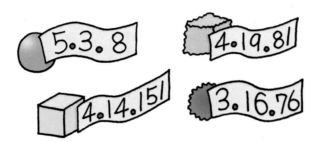

選擇符合自己所需的核心吧！

殼層是什麼？

殼層具有將使用者的指令傳遞給核心的功能。核心與硬體緊密相關，但不具有直接了解使用者指令的能力。於是就需要透過殼層這個窗口，將指令傳遞給核心。

核心

核心中並不具備能理解
使用者指令的功能。

核心

殼層

使用者可以透過殼
層命令核心。

1
開始使用
Linux

2
基本的控制

3
掌握編輯器的
運用

4
進一步運用
Linux

5
管理系統與
使用者

6
開始使用
GUI

7
中文化環境

8
進階操作

9
附錄

各種殼層

殼層可分為幾個種類。來看看具代表性的殼層吧！

 殼層的種類

殼層可分為幾個種類，具代表性的殼層如下。

名稱	說明
sh	具備最基本指令處理能力的殼層，被稱為 b shell。速度很快，不過在功能面上較其他殼層薄弱，主要經常使用在 shell script（請參考 80 頁）的執行環境中。
bash	由 b shell 擴充而來，如今 b shell 有時指的是這種殼層。Linux 則採用它作為標準殼層，可以說是最廣為人知的殼層。
ksh	由 b shell 擴充而來，是 AT&T 公司所開發的。使用於商用 UNIX 系統中。
csh	主要被採用於 BSD 系統，稱為 c shell。C 語言風格的指令結構是此殼層的特色。
tcsh	由 c shell 擴充而來，如今在 BSD 作業系統中是標準殼層。是與 bash 齊名的著名殼層。
zsh	由 b shell 擴充而來，不過也具備 tcsh 的功能。可以使用 b shell 與 c shell 兩者的功能，不過相對也具有速度緩慢的缺點。

本書主要以 **bash** 來做說明。不同的殼層，指令也可能不同，請務必注意。

殼層的切換

使用者可以在必要時切換殼層。由於不同殼層的功能相異，請先習慣平時使用的殼層，再嘗試操作其他殼層（有些環境可能並沒有內建剛才所介紹的殼層）。

要切換殼層，必須以指令輸入殼層的名稱。輸入 **exit** 指令會回到原本的殼層。

```
[shiori@localhost /]$ sh
sh-4.4$
sh-4.4$ exit
exit
[shiori@localhost /]$
```

切換到 sh 殼層

回到原本殼層

※ 粗體字是實際輸入的文字

1 開始使用 Linux

2 基本的控制

3 掌握編輯器的運用

4 進一步運用 Linux

5 管理系統與使用者

6 開始使用 GUI

7 中文化環境

8 進階操作

9 附錄

檔案

介紹 Linux 中檔案與指令的關係

檔案的種類

檔案一般可以分為**文字檔案**與**二進制檔案**。

文字檔案

輸入內容為文字（text）的檔案。可以透過文字編輯器等進行瀏覽與編輯。

二進制檔案

不使用專用工具就無法瀏覽。

包含程式與其他資料的檔案。無法以文字編輯器瀏覽與編輯。

Linux 所管理的檔案也可以分為可執行檔與不可執行檔兩種。

可執行檔

※ 必須設定權限（請參考 76 頁）。

為了以程式語言進行特定處理所製作的二進制檔案。

shell script（請參考 80 頁）是記錄指令的文字檔案。

不可執行檔

資料檔案與設定檔等，左邊所列舉種類以外的檔案。

指令的真面目

在 Linux 中使用的指令，可以分為**外部指令**與**內部指令**兩種。

內部指令
殼層內建的指令。

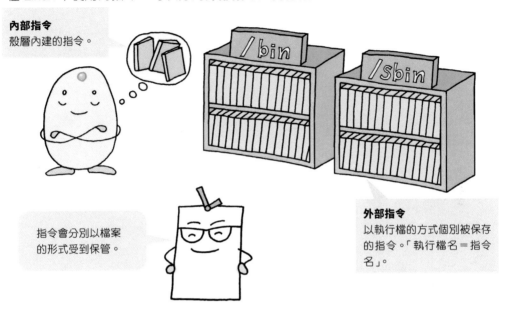

指令會分別以檔案
的形式受到保管。

外部指令
以執行檔的方式個別被保存
的指令。「執行檔名＝指令
名」。

如果不指定檔案的位置（路徑），只是輸入指令並按下 [Enter] 鍵，殼層會去確認既定
場所中是否存在該指令的執行檔（請參考 110 頁）。如果存在則會執行該檔案，如果
不存在就會顯示錯誤。

搜尋環境設定中事
先指定好的場所。

1
開始使用
Linux

2
基本的控制

3
掌握編輯器的
運用

4
進一步運用
Linux

5
管理系統與
使用者

6
開始使用
GUI

7
中文化環境

8
進階操作

9
附錄

目錄

介紹目錄的結構與主要目錄。
目錄相當於 Windows 中的資料夾。

🔓 目錄的結構

Linux 中儲存檔案的地方是以**目錄**（directory）為單位來區分。目錄呈現**樹狀結構（階層式結構）**，如下圖所示。

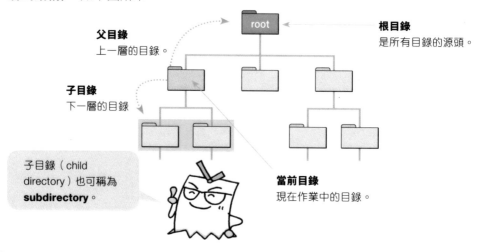

父目錄
上一層的目錄。

子目錄
下一層的目錄。

根目錄
是所有目錄的源頭。

子目錄（child directory）也可稱為 **subdirectory**。

當前目錄
現在作業中的目錄。

🔓 家目錄

家目錄（home directory）是登入後使用者帳號的起始地點。家目錄的名稱通常與使用者名稱相同。

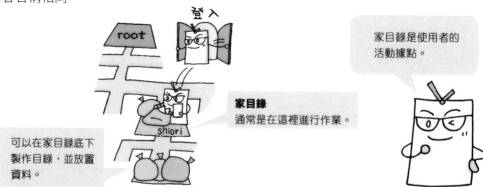

登入

家目錄是使用者的
活動據點。

家目錄
通常是在這裡進行作業。

可以在家目錄底下製作目錄，並放置資料。

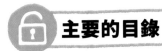

主要的目錄

除了家目錄與根目錄，接下來將介紹幾種其他具代表性的目錄。

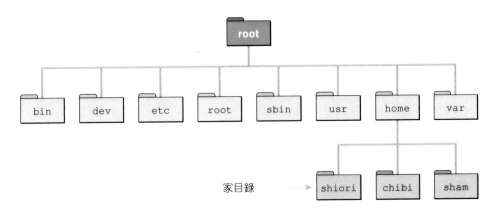

家目錄 →

目錄	功能
bin	保管二進制格式的執行檔與指令。
dev	保管設備相關的檔案。
etc	保管各種設定檔等各式檔案。
root	有別於根目錄，是另外準備給系統管理者使用的家目錄。
sbin	保管管理專用的系統標準指令。
usr	保管各個使用者的資料與應用程式。
home	在這個目錄底下建有各個使用者的個別目錄，這些個別目錄就是各個使用者的家目錄。
var	保管應用程式記錄（日誌）檔與信件資料等。

1 開始使用 Linux

2 基本的控制

3 掌握編輯器的運用

4 進一步運用 Linux

5 管理系統與使用者

6 開始使用 GUI

7 中文化環境

8 進階操作

9 附錄

路徑與副檔名

介紹基礎的路徑概念與副檔名。

🔓 路徑的概念

要打開檔案或是執行指令,就必須正確指定該檔案與指令的所在位置。這個指定方法就稱為**路徑**(Path)。

可以顯示檔案與指令的位置,就像地址一樣。

路徑是以「/(slash)」區隔的方式來代表不同目錄。路徑的寫法將在第 2 章進一步詳細介紹。

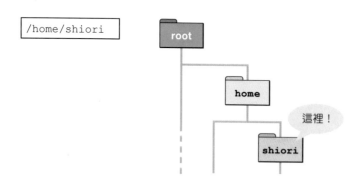

`/home/shiori`

root

home

這裡!

shiori

副檔名

在 Linux 系統中，原則上檔案名稱並不需要副檔名。有些應用程式會在識別特定副檔名，或是建立檔案時自動附上副檔名。不過，基本上要附上什麼副檔名是取決於使用者。

1
開始使用
Linux

2
基本的控制

3
掌握編輯器的
運用

4
進一步運用
Linux

5
管理系統與
使用者

6
開始使用
GUI

7
中文化環境

8
進階操作

9
附錄

≫ 特別的檔案

在 Linux 系統中，有檔名後方不具副檔名的檔案，也有檔名以「.」為開頭的**隱藏檔**（例：.bashrc 等）。隱藏檔又特別被使用於環境設定等特殊用途（通常檔案是看不到的）。

檔案系統

簡單介紹可以在 Linux 系統中使用的檔案系統之種類與特色。

 檔案系統是什麼？

檔案系統如字面所示，是管理檔案的機制。它分為幾個種類，並分別有著功能上的差異。如果不是要將它作為伺服器來管理大量資料，那麼直接使用預設的檔案系統就可以。

 檔案系統間的相容性

Windows 與 Linux 的檔案系統並不相同，無法直接使用彼此的檔案，必須透過專用的應用程式，或是採取可相容的檔案格式。

檔案系統的種類

這裡將簡單介紹 Linux 中常用的主要檔案系統。

檔案系統	說明
ext4	是 Linux 系統所採用的標準檔案系統 ext（EXTended file system）的最新版本。現在也是許多 Linux 發行版的預設檔案系統。
JFS	以 IBM 開發的檔案系統為基礎。在 Linux 系統的 Kernel 2.6 中則被採用為標準系統。相較於舊有系統具有較高的可靠度與存取速度。
XFS	由 SGI 公司所開發的檔案系統移植而來。在並行輸入、輸出的操作上具優異性能。

》虛擬檔案系統

檔案眾多的情況下，會被儲存在硬碟與 SSD 之中，而將記憶體的一部份作為檔案系統來使用，就稱為**虛擬檔案系統**。虛擬檔案系統的例子包含 tmpfs 與 devtmpfs 等。

虛擬檔案系統被用來暫時存放檔案。

1 開始使用 Linux

2 基本的控制

3 掌握編輯器的運用

4 進一步運用 Linux

5 管理系統與使用者

6 開始使用 GUI

7 中文化環境

8 進階操作

9 附錄

～檔案的壓縮與解壓縮～

各位應該曾經聽過將檔案「**壓縮**」或是「**解壓縮**」的說法。這並不是真的要擠壓或釋放檔案。在電腦的世界中，壓縮指的是「透過讓檔案內容（資料）更為精簡等方式，在不影響資訊內容下減少資料量」。此外，解壓縮指的則是「將被壓縮的檔案還原」。

Linux 系統中有時會將減少資料量稱為壓縮，整合多個檔案稱為打包（archive），藉此加以區別。將**打包**後的檔案復原則稱為**展開**，不過有時 Windows 系統中也將解壓縮稱作展開，兩者之間在用語上似乎經常相互混雜。

在 Windows 的壓縮格式中就屬 ZIP 較為知名，而 Linux 系統的壓縮格式種類繁多，對於標準的壓縮格式也有預先準備好的相應指令。

主要指令	動作
gzip / gunzip	壓縮／解壓縮
zip / unzip	壓縮／解壓縮
tar	打包、展開、壓縮、解壓縮（以單一指令對應）

其中較具特色的是以 tar 指令建立的檔案。如果只是要打包，可以建立副檔名為 .tar 的檔案，若是要進一步使用選項來執行壓縮，就可以建立具有兩個副檔名的壓縮檔，例如 .tar.gz。

2

基本的控制

Linux 的基本操作

在第 2 章當中，除了操作 Linux 時的注意事項與基礎知識以外，會先介紹需要熟記的指令。

對於尚未熟悉 CUI 環境者，在操作上感到「困難」的原因，舉例來說有「在視覺上難以理解自己到底在什麼地方，及打算要做什麼」。在第 1 章也曾介紹，Linux 系統中，所有的檔案都儲存在從根目錄所衍生的目錄中，而各個目錄都是以樹狀結構的形式受到管理。

如果能像 Windows Explorer 一樣一邊看著樹狀結構一邊操作，那倒沒什麼問題，可惜這在 CUI 的環境中是行不通的。於是使用者必須要在自己的腦中一邊想像樹狀結構才能進行作業。

在 Linux 系統中不管是執行指令或者瀏覽檔案，全都需要使用**路徑**（通往目標資料的途徑）給予指示，因此「正確書寫路徑」就成了操作上的一大前提。本章將提供幾個例子來介紹路徑的書寫方式。請一邊在腦中模擬樹狀結構，以學習路徑的書寫方式。

輸入指令的基礎概念

另外,本章的後半部將介紹幾個經常使用的指令。讓我們使用簡單的指令,從習慣 Linux 的操作開始嘗試吧!無論什麼事情,實際體驗都是很重要的。

只是,若不謹慎使用移動或是刪除檔案的指令,可能會導致問題產生。一開始可以 先從瀏覽檔案與目錄的資訊開始嘗試。接下來也會介紹幾個搜尋指令,可以試著搜 尋系統中有什麼樣的檔案與目錄。

一般來說,非管理員的使用者只能使用自己的家目錄。這是為了避免使用者在不經 意下進到各個目錄,將其他使用者的重要資料刪除或改寫。基本上請記得一個概念, 「除了管理員,不屬於家目錄及其「子目錄」的檔案,請盡量不要操作」。

1
開始使用 Linux

2
基本的控制

3
掌握編輯器的 運用

4
進一步運用 Linux

5
管理系統與 使用者

6
開始使用 GUI

7
中文化環境

8
進階操作

9
附錄

指令的基礎概念

瞭解輸入指令時重要的基礎句子以及注意事項。

 ## 書寫指令時的規則

輸入指令時,請遵守以下四個原則:

① 務必使用半形英文與數字。
② 正確輸入大寫與小寫(基本上會是小寫)。
③ 指令與選項之間空出半形空格。
④ 輸入結束後,按下 [Enter] 鍵。

按下 [Enter 鍵] 後,系統將把指令認定為命令。本書中除非有特別必要,否則基本上不會再寫出這個步驟,寫完指令的最後請務必記得按下 [Enter] 鍵喔。

指令的基本結構

在基本的指令輸入結構中,大致上可區分為以下三種型態。

》 指令

只輸入指令本身。雖然無法完成複雜的操作,卻能輕易地使用並立即得到結果。

指令

》 指令＋參數

有些指令會有指定檔案與目錄名稱(路徑)等的字串(參數)。指令與參數之間會以半形空格區隔。

半形空格

指令　　　　參數

有些指令一定要附上參數,有些則不需要。

》 指令＋選項＋參數

有些指令可以藉由加入選項來擴充功能。

指令　　參數

選項

指令與其後接續的選項與參數(有時候這兩者會合併稱為選項或參數)之間,都要以半形空格做區隔。

1
開始使用
Linux

2
基本的控制

3
掌握編輯器的
運用

4
進一步運用
Linux

5
管理系統與
使用者

6
開始使用
GUI

7
中文化環境

8
進階操作

9
附錄

路徑的寫法

介紹指定檔案的基本概念：相對路徑與絕對路徑。

絕對路徑與相對路徑

依據檔案與目錄所在地的界定方式，可以將路徑的寫法分為兩類。

≫ 絕對路徑

以**根目錄**為起點的指定方法。使用這種寫法，無論**當前目錄**（current directory，現在所顯示的目錄）的位置在哪，都能正確無誤地指定目標檔案。

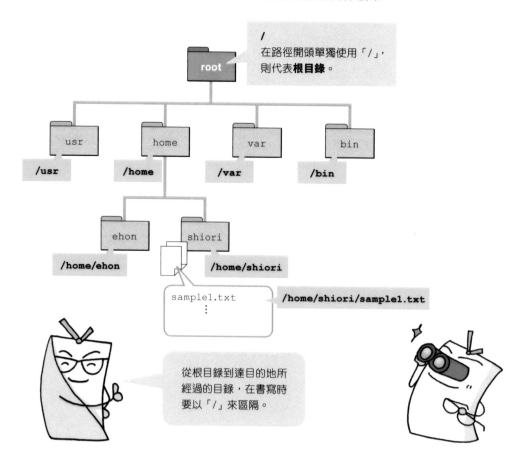

/
在路徑開頭單獨使用「/」，則代表**根目錄**。

root

usr /usr

home /home

var /var

bin /bin

ehon /home/ehon

shiori /home/shiori

sample1.txt　　/home/shiori/sample1.txt

從根目錄到達目的地所經過的目錄，在書寫時要以「/」來區隔。

》相對路徑

以當前目錄為起點的指定方法。假設下圖中，shiori 目錄為當前目錄。

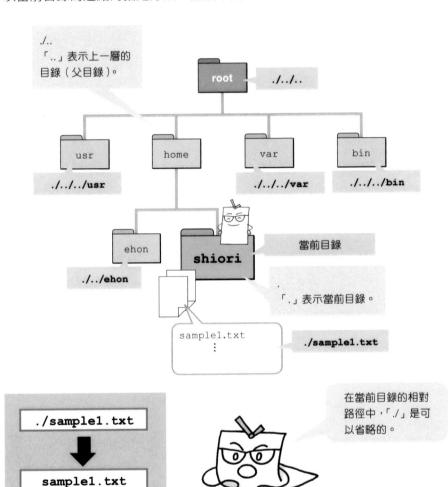

./..
「..」表示上一層的目錄（父目錄）。

root ← ./../..

usr
./../../usr

home

var
./../../var

bin
./../../bin

ehon
./../ehon

shiori
當前目錄

「.」表示當前目錄。

sample1.txt
⋮

./sample1.txt

./sample1.txt
↓
sample1.txt

在當前目錄的相對路徑中，「./」是可以省略的。

🔒 家目錄的表示方式

「~（波浪號）」表示的是家目錄。和表示根目錄的「/」等符號一樣可以用於指定路徑。

家目錄 (~)　　shiori

1 開始使用 Linux

2 基本的控制

3 掌握編輯器的運用

4 進一步運用 Linux

5 管理系統與使用者

6 開始使用 GUI

7 中文化環境

8 進階操作

9 附錄

基礎指令（1）

移動目錄與顯示檔案。

cd 指令

cd（Change Directory）指令用於變更當前目錄。要在指令的後方指定希望前往的目錄名稱。

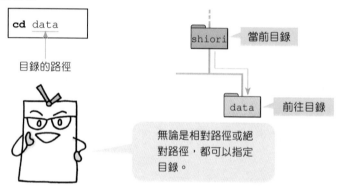

如果使用這個指令時沒有指定目錄，那麼無論身在何處，都會回到家目錄。

pwd 指令

pwd（Print Work Directory）指令的功能是顯示當前目錄的絕對路徑。

ls 指令

ls（LiSt directory）指令是用於搜尋目錄的資訊。

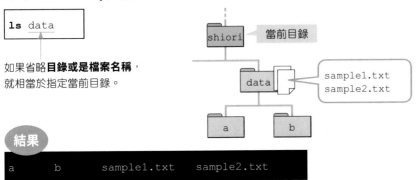

```
ls data
```

如果省略**目錄或是檔案名稱**，
就相當於指定當前目錄。

結果

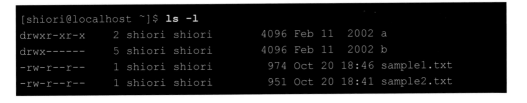

```
a         b         sample1.txt    sample2.txt
```

輸入 ls -1 則會顯示詳細資訊。

```
[shiori@localhost ~]$ ls -l
drwxr-xr-x    2 shiori shiori         4096 Feb 11  2002 a
drwx------    5 shiori shiori         4096 Feb 11  2002 b
-rw-r--r--    1 shiori shiori          974 Oct 20 18:46 sample1.txt
-rw-r--r--    1 shiori shiori          951 Oct 20 18:41 sample2.txt
```

輸入 ls -a 後，平時看不見的隱藏檔也會顯示出來（請參考 108 頁）。

```
[shiori@localhost ~]$ ls -a
.         .bash_profile    .exrc      .qmail      .xemacs      sample2.txt
..                 .bashrc    .inputrc   .rhosts     .xsession*
.Xdefaults    .elvisrc    .kde       .screenrc   a
.bash_history    .emacs     .lang      .tcshrc     b
.bash_logout    .emacs.el   .less      .vimrc      sample1.txt
```

memo

在本書介紹的指令中，能夠使用選項的主要指令會以「參考內容」的形式整理
於附錄中，這部分也請參考。

1 開始使用 Linux

2 基本的控制

3 掌握編輯器的運用

4 進一步運用 Linux

5 管理系統與使用者

6 開始使用 GUI

7 中文化環境

8 進階操作

9 附錄

基礎指令（2）

建立、刪除檔案與目錄的相關指令。

mv 指令

mv（MoVe file）指令用於變更檔名與移動檔案。

》 變更檔名

使用 mv 指令變更檔名的方式如下：

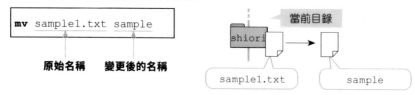

》 移動檔案

使用 mv 指令移動檔案的方式如下：

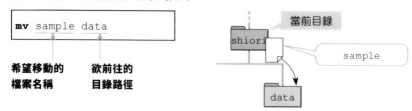

目錄名稱與檔案名稱相同時，如果沒有正確標記路徑，可能就不是執行「檔名變更」，而是「移動檔案」了。要注意不要弄錯喔！

cp 指令

cp（CoPy file）指令是用來複製檔案的指令。

🔓 mkdir 指令

建立新的目錄時，要使用 **mkdir**（Make DIRectory）指令。

🔓 rmdir 指令

刪除空白目錄時，要使用 **rmdir**（ReMove DIRectory）指令。

🔓 rm 指令

rm（ReMove file）指令用於刪除檔案與目錄。刪除檔案的方式如下：

若希望將檔案與目錄所在的目錄連同內容整個刪除時，要加入選項（-r）：

刪除之後就無法復原，一定要特別注意。

基礎指令（3）

來看看操作檔案的指令吧！

cat 指令

使用 **cat**（conCA Tenate）指令，可以瀏覽檔案內容。

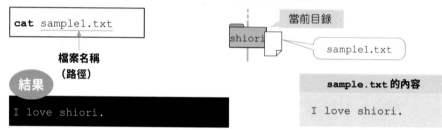

```
cat sample1.txt
```
檔案名稱
（路徑）

結果

```
I love shiori.
```

當前目錄

shiori → sample1.txt

sample.txt 的內容
```
I love shiori.
```

如果不指定檔案名稱，就會變成等待鍵盤端輸入的狀態，並重複顯示鍵盤已輸入的內容。

```
[shiori@localhost ~]$ cat
test          ① 輸入文字
test          ② 顯示已輸入文字
```

要解除待輸入狀態，要按下 [Ctrl] 鍵與 [C] 鍵。

sort 指令

sort 指令，會將指定文字檔的內容重新排序並顯示。如不加註選項，則會以字母順序排序，加註 -r 則會執行反向排序。

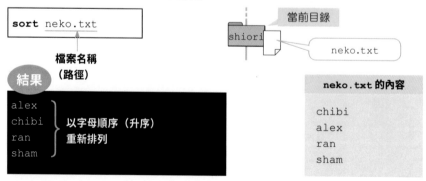

```
sort neko.txt
```
檔案名稱
（路徑）

結果

```
alex
chibi     以字母順序（升序）
ran       重新排列
sham
```

當前目錄

shiori → neko.txt

neko.txt 的內容
```
chibi
alex
ran
sham
```

如不指定檔名，就會變成等待鍵盤端輸入的狀態。按下 [Ctrl] 鍵與 [D] 鍵，則會重新排列並顯示所輸入的內容。

1 開始使用 Linux

2 基本的控制

3 掌握編輯器的運用

4 進一步運用 Linux

5 管理系統與使用者

6 開始使用 GUI

7 中文化環境

8 進階操作

9 附錄

注意

[Ctrl] 鍵與 [D] 鍵在不同的使用情境與殼層中功能有所不同。使用時可能會發生從殼層登出的情形，請多留意。

🔒 grep 指令

grep（Global Regular Expression Print）指令用於在多個檔案中搜尋字串。寫法如下：

```
grep nippori yamanoteline
```

搜尋字串　　　　檔案名稱
（正規表示法）　（路徑）

yamanoteline 的內容

```
ueno
uguisudani
nippori
nishinippori
tabata
```

結果

```
nippori
nishinippori
```

會顯示含有指定字串的每一列。

※ 關於正規表示法請參閱附錄。

基礎指令（4）

介紹搜尋檔案與指令的指令。

find 指令

find 指令是用於搜尋檔案的指令，也可以搜尋出隱藏檔。搜尋當前目錄底下的檔案時方法如下。

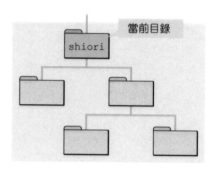

若以如下方式輸入指令，就能以指定的任意目錄以下為範圍搜尋檔案。

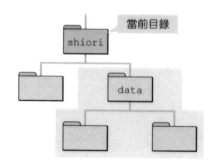

which 指令與 whereis 指令

也有可以用於搜尋指令儲存地點的指令。

≫ which 指令
which 指令是用於搜尋指定指令的所在位置,並顯示絕對路徑。以 ls 指令來搜尋看看吧!

```
which ls
```
指令名稱

結果 /bin/ls ◀───── **顯示 ls 指令的絕對路徑**

※ 有些發行版可能無法使用此指令。

≫ whereis 指令
whereis 指令除了指令的路徑之外,也可以同時搜尋並顯示說明檔與原始程式碼檔案等的路徑。

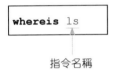

```
whereis ls
```
指令名稱

顯示 ls 指令的路徑與線上說明檔的路徑

結果

```
ls: /bin/ls /usr/share/man/man1/ls.1.gz /usr/share/man/man1p/ls.1p.gz
```

※ 不同發行版中的目錄結構有所不同。

1 開始使用 Linux

2 基本的控制

3 掌握編輯器的運用

4 進一步運用 Linux

5 管理系統與使用者

6 開始使用 GUI

7 中文化環境

8 進階操作

9 附錄

～萬用字元～

一聽到萬用字元心裡馬上就有個底的人，可能對於輸入指令相當熟悉，或是經常使用 Windows 的搜尋功能與搜尋引擎。

舉例來說，如果「想要找出所有檔名開頭為 a 的檔案」時，可以使用「*（星號）」，寫法如下。

```
find a*
```

「a*」的意思是，「如果第一個字母是 a，則後面是什麼字都可以」。「*」這種「可以置換成任何文字」的特殊符號就稱為**萬用字元**，它具有像撲克牌鬼牌一樣的功能。

萬用字元除了「*」之外還有幾個種類。例如「*」表示任意 0 個以上的字元，而「?」表示的則是任意一個字元。因此輸入如下指令後，就會以 find 指令搜尋以 a 為開頭，2 字元的字串。

```
find a?
```

萬用字元可以附加在搜尋字串的前或後，也可以將其夾在字串之中（例如：*sample、pict?data 等）。

如果好好運用的話，萬用字元是相當方便的，可以把它記起來！

其他主要萬用字元

符號	功用	寫法範例	意思
[]	[] 中的任 1 字元	[dog]	d、o、g 這三個字
		[a-z]	從 a 到 z 的所有字母
[^] [!]	[] 中字串以外的任 1 字元	[^dog] [!dog]	d、o、g 以外的文字
{}	{} 中個別的指定字串	{dog,rat}	dog、rat 這兩個字串

3

掌握編輯器
的運用

 文字編輯器是什麼？

本章將介紹使用 Linux 系統時不可或缺的**文字編輯器**。文字編輯器是編輯文字檔的應用程式，在編輯 Linux 環境設定檔上是必要，也是最重要的應用程式之一。它並不像文書軟體能夠設定文字的顏色、大小，與版面等，是個以書寫或刪除文字為目的的簡單應用程式。

Linux 系統的主要設定是由文字檔所書寫。因此在 CUI 環境中，沒有文字編輯器就無法改變環境設定。如果把文字編輯器比喻為系統管理的救生繩，也一點都不誇張。

 關於 vi

在各種 Linux 環境中，vi（Visual editor）這種文字編輯器幾乎都可以共通使用。只不過，Linux 與非商用 UNIX 系統所具備的通常不是原版，而是經過擴充功能的類似應用程式，稱為**進階版**。

這本書主要以 CentOS 中所使用的 **Vim**，也就是 vi 的進階版來說明。其他著名的進階版還有 nvis 與 elvis 等，不管是哪一種，在除去較為特別的自有功能後，都總稱為 vi。本書將以英語環境為背景進行說明。

1 開始使用 Linux

2 基本的控制

3 掌握編輯器的運用

4 進一步運用 Linux

5 管理系統與使用者

6 開始使用 GUI

7 中文化環境

8 進階操作

9 附錄

文字編輯器

首先來看看文字編輯器到底是什麼吧！

🔓 文字編輯器的角色

文字編輯器是用於編輯文字檔的應用程式。在 Linux 系統中，主要的設定是寫於文字檔，因此不管是什麼樣的環境，至少都一定要能使用文字編輯器。

環境設定會寫進文字檔中。

像 Windows 一樣的 GUI 環境中，使用像是控制台的設定工具就能簡單設定。不過 CUI 環境就必須使用文字編輯器來編輯檔案。

vi

vi 在 Linux 系統中是最普遍受到使用的文字編輯器，在大部分的環境中都是一開始就能使用。相較於 Emacs 等功能強大的編輯器，vi 的特色是特別簡單且容易學習。

Simple is best.

1 開始使用 Linux

2 基本的控制

3 掌握編輯器的運用

4 進一步運用 Linux

5 管理系統與使用者

6 開始使用 GUI

7 中文化環境

8 進階操作

9 附錄

Vim

本書所介紹的 vi，正確來說稱為 **Vim**，是 vi 的進階版（類似的應用程式）。幾乎涵蓋所有 vi 原本具備的功能。原本是「仿製（Vi IMitation）」的簡稱，經過改良之後，如今則為「改良版（Vi IMproved）」的簡稱。

從複製原版變成改良版，脫穎而出。

以後本書所提到的 vi 將包含像 Vim 這樣的進階版，也就是 vi 家族的編輯器總稱。

vi 的啟動與退出

首先要介紹的是 vi 的啟動與退出方法。

 ## 啟動 vi

啟動 vi 時，要使用如下的 **vi** 指令。

```
vi
```

這是 vi 的啟動畫面。

也可以像下圖一樣指定檔案名稱並啟動。指定既有的檔案名稱，就可以把檔案打開。而指定新的檔案名稱則能新增同名的檔案。若是沒有指定，則會打開尚未命名的新檔案。

```
vi sample1.txt
```

↑
檔案名稱

退出 vi

退出 vi 時，要按下 [Esc] 鍵切換至指令模式（請參考 44 頁）。

記得確認左下沒有變成 INSERT。

在上圖的狀態下輸入「**:q!**」，就能在不儲存檔案的狀態下退出 vi。

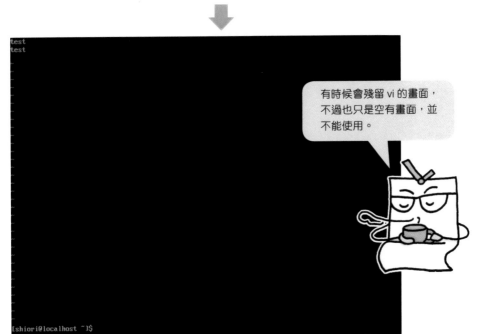

有時候會殘留 vi 的畫面，不過也只是空有畫面，並不能使用。

1 開始使用 Linux

2 基本的控制

3 掌握編輯器的運用

4 進一步運用 Linux

5 管理系統與使用者

6 開始使用 GUI

7 中文化環境

8 進階操作

9 附錄

vi 的模式變更

必須依據操作內容變更 vi 的模式。

🔓 關於模式

vi 依據不同的操作可分為三種模式。首先就讓我們來學習各個模式分別有什麼樣的定位吧！vi 的指令中，小寫與大寫會導致執行的動作不同，請務必注意。

| i | 鍵 |

指令模式

是 vi 等待指令的狀態。啟動之後馬上就會進入這個模式。所有輸入內容都會被解釋為指令，因此必須注意。在這裡可以進行複製、貼上等編輯作業。

啟動

| : | 鍵 |

記得依據操作內容切換到正確的模式喔！

插入模式

可以輸入文字。畫面左下角會顯示「INSERT」。

Esc 鍵

ex 模式

可以使用 vi 的基礎，也就是 ex 這種編輯器的指令。在 [:] 鍵之後接著輸入指令，再按下 [Enter] 鍵，就能進行儲存檔案與退出 vi 等特別的操作。

Esc 鍵

退出 →

1
開始使用
Linux

2
基本的控制

3
掌握編輯器的
運用

4
進一步運用
Linux

5
管理系統與
使用者

6
開始使用
GUI

7
中文化環境

8
進階操作

9
附錄

困惑時就按下 Esc

使用 vi 時開始不知道自己身處哪個模式，或是因為編輯作業而感到混亂時，請按下 [Esc] 鍵。大多數的情況中都可以回到指令模式，接著就可以重新操作。

vi 的基本操作（1）

嘗試編輯檔案！首先要介紹基本的操作。

編輯檔案的第一步

啟動 vi 之後，在新一行的左邊會顯示游標。在新建立的檔案中，游標會出現在畫面左上方（第 1 行的第 1 個字），如果是既有檔案，游標則會在最後一行的下一行左側。

新增檔案與既有檔案的書寫起始位置不同。

確認游標位置後就變更到插入模式。在前一頁介紹了使用「i」鍵的方法，不過也有其他鍵可以用於切換到插入模式。主要的按鍵如下。

鍵	變更模式後的狀態
i	可以從游標左側的位置輸入文字
I	可以從游標所在行的開頭輸入文字
a	可以從游標後方（右側）的位置輸入文字
A	可以從游標所在行的末端輸入文字
o	可以從游標的下一行插入，從該處輸入文字
O	可以從游標的上一行插入，從該處輸入文字

游標

游標的移動

游標是以箭頭（↑↓←→）進行上下左右的移動。在指令模式中，也可以使用字母「**k**」、「**j**」、「**h**」、「**l**」來移動。

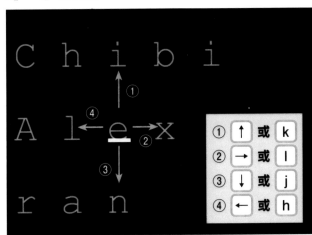

移動到行的開頭時要輸入「**^**」，移動到行的尾端時要輸入「**$**」，移動到檔案最末行的開頭時，則輸入「**G**」。

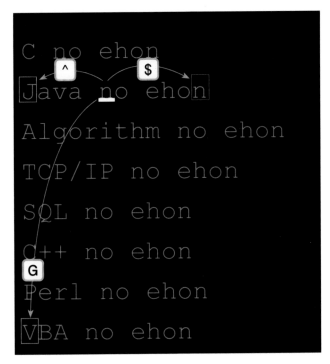

開始使用
Linux

基本的控制

掌握編輯器的
運用

進一步運用
Linux

管理系統與
使用者

開始使用
GUI

中文化環境

進階操作

附錄

vi 的基本操作（2）

介紹刪除（剪下）、複製、貼上的方法。

 ## 刪除 1 個字元（剪下）

要刪除（剪下）1 個字時有幾種方法。

≫ 不使用指令的方法

不使用指令，而是用 [Delete] 鍵與 [BackSpace] 鍵刪除。

鍵	可用模式	作用	游標移動方向
Delete	插入模式 指令模式	將有游標的文字刪除一個字元	不移動
BackSpace	插入模式	刪除游標左邊一個字元	向左移動

shiori

游標

Delete → shiri

BackSpace → shori

≫ 使用指令的方法

使用以下指令，每次可以刪除 1 個字。

指令	作用
x	刪除有游標的文字
X	刪除游標左側文字
J	取消游標所在行的換行

不要忘記改為指令模式喔！

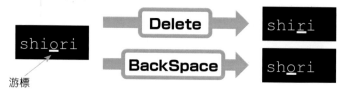

shiori → **x** → shiri

→ **X** → shori

neko
robu

→ **J** → neko□robu

會產生半形空格

🔓 整行刪除（剪下）

設為指令模式，將游標移動到希望刪除（剪下）的那一行，輸入 [dd]。

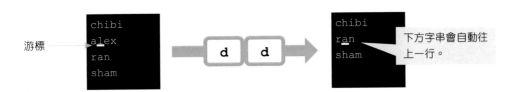

游標

chibi
alex
ran
sham

d d

chibi
ran
sham

下方字串會自動往
上一行。

🔓 複製

將游標移到想要複製的那一行，輸入 [**yy**]。

游標

chibi ← 複製對象
alex
ran

y y
輸入 yy。

無論游標位置在哪，
都可以將整行複製。

🔓 貼上

如果要貼至游標所在文字之後，要輸入「**p**」。如果要貼於游標所在文字之前，則輸入「**P**」。

游標 →

chibi
alex
ran

p

chibi
alex
chibi ← 貼上的文字。
ran

P

chibi
chibi ← 貼上的文字。
alex
ran

如果貼上文字包含換
行的格式時，也能將
整行貼上。

1 開始使用 Linux

2 基本的控制

3 掌握編輯器的運用

4 進一步運用 Linux

5 管理系統與使用者

6 開始使用 GUI

7 中文化環境

8 進階操作

9 附錄

搜尋與取代

來看看搜尋與取代吧！兩者都可以在 ex 模式中執行。

搜尋

從游標所在位置往末端方向搜尋時使用「**/**」，往開頭方向搜尋時則使用「**?**」。

```
/ehon
```
↑
想搜尋的字串

```
?ehon
```
↑
想搜尋的字串

① 「輸入 「/」 或是 「?」， 畫面左下方就會顯示游標。

②之後再輸入想要搜尋的字串。

/ 的搜尋方向

? 的搜尋方向

通常執行一次搜尋指令，就會停留在最先找到的關鍵字。想要繼續搜尋時，要輸入「**n**」或「**N**」。輸入「**n**」時，會依照與之前相同的方向搜尋，輸入「**N**」則會反向搜尋。

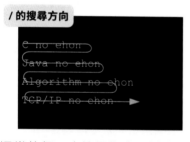

如果使用 /

① 以「/ehon」找到符合內容
② 「輸入「n」」
③ 輸入「n」
④ 輸入「N」

取代

執行取代時使用的是「s」。如果要將檔案內所有字串一次取代,則要在「s」之前加上「%」,其寫法如下。

「:」 之後不需要空格。

:**%s**/ehon/manga/**g**

取代前字串

取代後字串

取代方法
g…全部取代
gc…逐一確認並取代

搜尋範圍
%…檔案整體
,…指定行 (1,5…從第 1 行到第 5 行)

一次取代

如果採用如下方式,就會從游標所在行的開頭開始搜尋,並只會取代最先找到的 1 筆搜尋字串。如果有其他取代的候補選項時,則會反白(強調)顯示。

:s/ehon/manga/

搜尋(取代前)　**取代後字串**
字串

如果要取消反白顯示,
則要輸入 「:noh」。

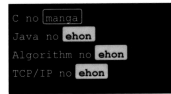

逐一取代

1
開始使用
Linux

2
基本的控制

3
掌握編輯器的
運用

4
進一步運用
Linux

5
管理系統與
使用者

6
開始使用
GUI

7
中文化環境

8
進階操作

9
附錄

儲存與退出

將檔案儲存並退出吧！這裡將介紹以 ex 模式儲存與退出的方法。

儲存與退出

要以 ex 模式儲存、退出，主要使用的是下列指令。分別有只能儲存、只能退出，以及可以合併執行儲存與退出的指令。

指令	功能
:w	存檔
:w 檔案名稱	另存新檔
:w!	強制存檔
:q	不存檔退出
:q!	不存檔強制退出
:wq	存檔並退出
:wq!	強制存檔並退出

只透過儲存指令是無法退出的。

如果不小心強制退出 Vim…

Vim 會將編輯中的資料暫時以帶有 .swp 副檔名的檔案儲存起來。如果因為操作錯誤導致 Vim 未能正確關閉，.swp 檔案也不會被刪除，下一次打開相同名稱檔案時，就會跳出詢問 .swp 檔要如何處置的問題。

```
E325: ATTENTION
Found a swap file by the name ".sample1.txt.swp"
          owned by: shiori   dated: Tue Nov  5 18:32:58 2019
          file name: ~shiori/sample1.txt
           modified: YES
          user name: shiori   host name: localhost.localdomain
         process ID: 7879
While opening file "sample1.txt"

(1) Another program may be editing the same file.  If this is the case,
    be careful not to end up with two different instances of the same
    file when making changes.  Quit, or continue with caution.
(2) An edit session for this file crashed.
    If this is the case, use ":recover" or "vim -r sample1.txt"
    to recover the changes (see ":help recovery").
    If you did this already, delete the swap file ".sample1.txt.swp"
    to avoid this message.

Swap file ".sample1.txt.swp" already exists!
[O]pen Read-Only, (E)dit anyway, (R)ecover, (D)elete it, (Q)uit, (A)bort:
```

如果想要使用 .swp 檔案的內容，就輸入「**R**」（Recover：復原）或是「**E**」（Edit anyway：強制編輯）。如果不需要，就以「**Q**」（Quit：退出）或是「**A**」（Abort：中斷）來退出 vi。
不需要的 .swp 檔可以使用 rm 指令刪除也無妨。

使用 find 等指令來找出 .swp 檔吧！

1 開始使用 Linux

2 基本的控制

3 掌握編輯器的運用

4 進一步運用 Linux

5 管理系統與使用者

6 開始使用 GUI

7 中文化環境

8 進階操作

9 附錄

～ vi 以外的編輯器～

除了 vi 以外，常用的編輯器還有 **Emacs**。最近在 Linux 系統中也時常會使用 Emacs。雖然有些發行版在初期狀態中並無法使用，但還是有不少人喜愛並使用相較於 vi 功能更強大的 Emacs。

```
File Edit Options Buffers Tools Help
Welcome to GNU Emacs, one component of the GNU/Linux operating system.
To follow a link, click Mouse-1 on it, or move to it and type RET.
To quit a partially entered command, type Control-g.

Important Help menu items:
Emacs Tutorial          Learn basic Emacs keystroke commands
Read the Emacs Manual   View the Emacs manual using Info
(Non)Warranty           GNU Emacs comes with ABSOLUTELY NO WARRANTY
Copying Conditions      Conditions for redistributing and changing Emacs
More Manuals / Ordering Manuals  How to order printed manuals from the FSF

Useful tasks:
Visit New File          Specify a new file's name, to edit the file
Open Home Directory     Open your home directory, to operate on its files
Customize Startup       Change initialization settings including this screen

GNU Emacs 26.1 (build 1, x86_64-redhat-linux-gnu, GTK+ Version 3.22.30)
 of 2019-05-12
Copyright (C) 2018 Free Software Foundation, Inc.




-UUU:%%--F1  *GNU Emacs*    All L1    (Fundamental) -----------------
For information about GNU Emacs and the GNU system, type C-h C-a.
```

在 Emacs 編輯器中，可以使用一種叫做 LISP 的語言對 Emacs 本身的功能進行程式設計。此外，它還能夠使用快速鍵，不需要變更模式，因此有人認為它比 vi 更容易使用。相對的，也有人認為這樣太複雜，不易上手。如今則自然分為 vi 使用者與 Emacs 使用者兩派。

4

進一步運用
Linux

 進一步深入 Linux 的世界

到第三章為止可以說是基本篇。以到目前為止的內容也可以操作 Linux 環境，不過如果要深入使用，還有很多事情需要學習。

從這裡開始，我將介紹能讓讀者更深入 Linux 世界的知識與指令。

首先，在電腦的世界中，有資料「輸入」與「輸出」這樣的流程。其中最為普遍的方式為用鍵盤「輸入」，再使用顯示器將該內容「輸出」（顯示）。由於這是「最基本的輸入輸出方式」，所以由鍵盤輸入稱為**標準輸入**，以螢幕顯示稱為**標準輸出**。

舉例來說，大多數的指令即使沒有指定，也會將執行結果顯示於螢幕上。這是由於已經預先設定好要將螢幕作為標準輸出。輸出入的方法也可以在輸入指令時指定。在使用指令時，「從哪裡輸入與輸出到哪」是非常重要的。這一章將介紹標準輸入、標準輸出，以及與此大有關聯的**重新導向**及**管線命令**功能。

1
開始使用
Linux

2
基本的控制

3
掌握編輯器的
運用

4
進一步運用
Linux

5
管理系統與
使用者

6
開始使用
GUI

7
中文化環境

8
進階操作

9
附錄

從「操作」端到「製作」端

在以多名使用者同時使用為前提的 Linux 系統中，即使只是取用一個檔案，對於「誰可以做什麼樣的使用」也需要確實管理。如果任誰都能自由改寫系統的設定檔，那麼後果可能不堪設想。因此，才會透過**權限**這樣的機制限制可以使用檔案的使用者。到目前為止，我們所學的操作是「執行一個指令並得到結果」。不過這樣一次就只能給出一個指令，無法進行複雜的操作。於是才會出現一種機制，能夠整合並執行數個指令，稱為 **shell script**。

shell script 是整合了一個以上指令的文字檔。如果事先寫入執行順序，只要給一次指令，就能執行多個動作。如果將經常執行的動作寫為 shell script，就可以省去重複執行的冗長程序。這個功能也能用於不同條件的複雜處理，不過本書將介紹的是基本寫法。

本章的最後將介紹學習 Linux 時的重要關鍵字之一，那就是**程序**（process）。在程式處理中，程序是 1 個單位的操作。Linux 藉由同時管理多個程序，實現了**多工處理**的系統。而程序管理在系統管理上也是相當重要的一環。

如同最開始的說明，之後介紹的主題內容將更深入。也會出現許多不熟悉的詞彙，就依照自己的步調慢慢閱讀下去吧！

標準輸入與標準輸出

思考輸入與輸出。

輸入與輸出

將資料給予電腦，稱為「**輸入**」。而電腦回傳處理的結果，則稱為「**輸出**」。

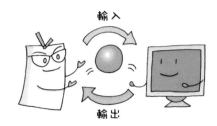

將資料輸入到指令中，所得到的結果也稱為輸出。

標準輸入與標準輸出是？

一般使用的輸入方法稱為**標準輸入**，輸出方法則稱作**標準輸出**。一般來說，標準輸入的裝置為鍵盤，標準輸出的裝置則為顯示器。

輸出、輸入時，最少會需要一組鍵盤與顯示器

參考

像 cat 與 grep 這樣指定查詢內容（檔名等）的指令，如果省略指定動作，通常會變成等待標準輸入（鍵盤）輸入資料的狀態（請參考 32 頁）。

標準錯誤輸出

也有一種輸出是用在出現問題，必須顯示（輸出）錯誤的情況中，稱為**標準錯誤輸出**。通常標準錯誤輸出會輸出至顯示器上。

到目前所介紹的每一個輸入、輸出，都能變更其輸入來源與輸出目的地（請參考 60 頁）。

至於標準錯誤輸出，如果要確保能夠掌握到錯誤，設定輸出到顯示器會比較保險，不過記錄（輸出）到檔案也是可行的。

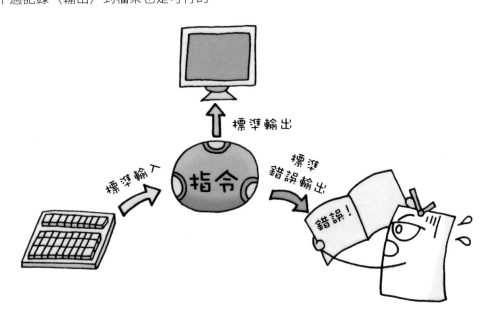

1
開始使用 Linux

2
基本的控制

3
掌握編輯器的運用

4
進一步運用 Linux

5
管理系統與使用者

6
開始使用 GUI

7
中文化環境

8
進階操作

9
附錄

重新導向

介紹重新導向，其功能為變更標準輸入來源與標準輸出的目的地。

 ## 重新導向是什麼？

變更標準輸入、輸出，以及標準錯誤輸出的來源及目的地，就稱為**重新導向**。

》 指定輸出目的地

指定輸出目的地時，要使用「**>**」或是「**>>**」（若是錯誤輸出，則要使用「2>」或「2>>」）。寫入如下指令，就能將指令的執行結果儲存在檔案中。

```
指令 > sample1.txt
```

輸出目的地的路徑

>…覆蓋並儲存
>>…附加至現存檔案尾端

》 指定輸入來源

指定輸入來源時，要使用「**<**」。下列寫法能夠將檔案的內容傳遞給指令。

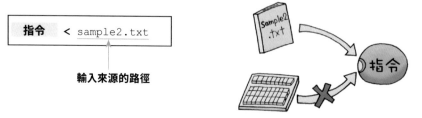

```
指令 < sample2.txt
```

輸入來源的路徑

舉個例子，如果要將文字檔重新排列並將結果儲存到別的檔案，則寫法如下。

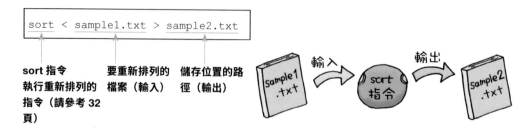

```
sort < sample1.txt > sample2.txt
```

sort 指令
執行重新排列的
指令（請參考 32
頁）

要重新排列的
檔案（輸入）

儲存位置的路
徑（輸出）

試看看吧～輸出目錄資訊～

假設當前目錄中有個 data 目錄。嘗試使用重新導向，將這個目錄的資訊儲存到 homelist.txt 這個檔案中。

① 在當前目錄執行以下指令。

```
ls data > homelist.txt
```

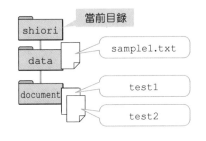

② 以 cat 指令來確認 homelist.txt 的檔案內容。

```
[shiori@localhost ~]Z cat homelist.txt
document
sample1.txt
```

data 目錄中，有 document 這個目錄，以及名為 sample.txt 的檔案。

※粗體字是輸入的文字。

※不同的環境中，畫面風格會有些許差異。

③ 接著要使用「>>」執行以下指令。

```
ls data/document >> homelist.txt
```

④ 以 cat 指令確認 homelist.txt 檔案內容後，可以發現在①所寫入的內容後方，又新加入 document 目錄的內容。

```
[shiori@localhost ~]Z cat homelist.txt
document
sample1.txt
test1
test2
```

} 在①寫入的內容

} 在②寫入的內容

※粗體字是輸入的文字。

※不同的環境中，畫面風格會有些許差異。

 1 開始使用 Linux

 2 基本的控制

 3 掌握編輯器的運用

 4 進一步運用 Linux

 5 管理系統與使用者

 6 開始使用 GUI

 7 中文化環境

 8 進階操作

9 附錄

管線命令

接著來瞭解能夠組合多個指令的管線命令功能。

管線命令是什麼?

操作 Linux 系統時,有時會想把指令的結果傳遞到另一指令中。這種情況下就會使用能將指令結合的**管線命令**(pipe)。

不同的指令也可以使用管線命令結合

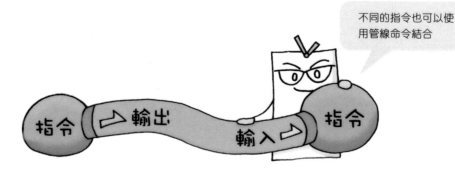

使用管線命令結合不同指令時,會使用「|」來連接指令。

```
ls | more
```

指令

more 指令是將輸出結果以頁為單位顯示的指令(請參考 64 頁)。

≫ 結合三個以上的指令

管線命令也可以連接三個以上的指令。

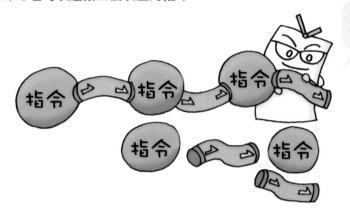

> 不管有幾個指令都可以連接

🔓 試看看吧～搜尋目錄資訊

試著以管線命令將使用 ls 指令查詢根目錄的結果傳遞到 grep 指令吧！接著再以 grep 指令從接收的內容中，搜尋包含 sr 兩字的目錄。

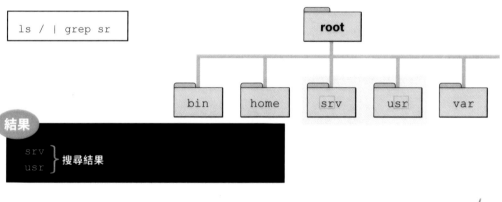

```
ls / | grep sr
```

結果

```
srv
usr    } 搜尋結果
```

標準輸出

ls 的執行結果

右側導覽列：

1 開始使用 Linux

2 基本的控制

3 掌握編輯器的運用

4 進一步運用 Linux

5 管理系統與使用者

6 開始使用 GUI

7 中文化環境

8 進階操作

9 附錄

檔案相關的指令（1）

介紹 more 指令與 less 指令。

 ## 文字輸出的分頁

more 指令與 **less** 指令會以頁面（page）為基準來顯示輸出結果（paging）。可以避免輸出的行數較多時資料自行捲動到最後面的情況。

> 這樣的指令統稱為**分頁程式**（pager）。

» more 指令

當輸出結果無法完全顯示於畫面時，如使用 more 指令，在顯示完一頁內容的同時也會顯示 [--More--]，這代表系統在等待使用者輸入內部指令。在輸入內部指令，且所有的結果顯示完畢後就會自動退出。

```
more pet.txt
```

↑
檔名

pet.txt 的內容

```
   :
chibi
alex
ran
sham
   :
   :
```

結果

內部指令
空白鍵…顯示下一頁
Enter……向下翻一行
h…………說明
q…………結束

≫ less 指令

相較於 more，less 的內部指令更強大，它可以用來進行簡單搜尋與跳躍移動等。顯示到最後一頁也不會自行結束，要輸入「q」來離開程式。

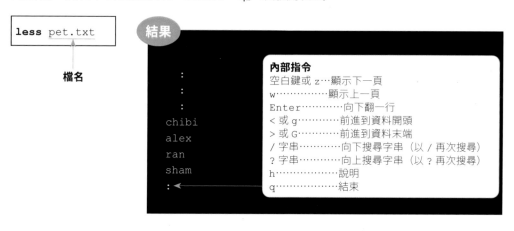

```
less pet.txt
```

檔名

結果

:
:
:
chibi
alex
ran
sham
:

內部指令
空白鍵或 z…顯示下一頁
w…………………顯示上一頁
Enter…………向下翻一行
< 或 g…………前進到資料開頭
> 或 G…………前進到資料末端
/ 字串…………向下搜尋字串（以 / 再次搜尋）
? 字串…………向上搜尋字串（以 ? 再次搜尋）
h………………說明
q………………結束

預期顯示結果內容很多時，只要以管線命令結合 less 指令就可以。

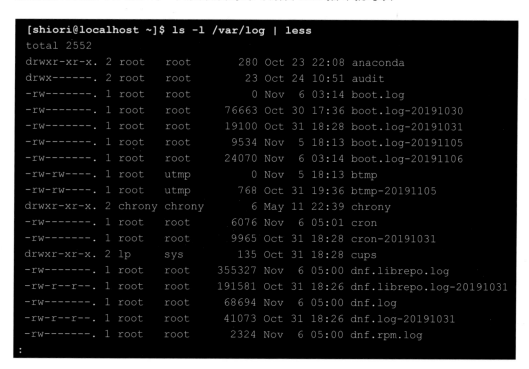

```
[shiori@localhost ~]$ ls -l /var/log | less
total 2552
drwxr-xr-x. 2 root    root       280 Oct 23 22:08 anaconda
drwx------. 2 root    root        23 Oct 24 10:51 audit
-rw-------. 1 root    root         0 Nov  6 03:14 boot.log
-rw-------. 1 root    root     76663 Oct 30 17:36 boot.log-20191030
-rw-------. 1 root    root     19100 Oct 31 18:28 boot.log-20191031
-rw-------. 1 root    root      9534 Nov  5 18:13 boot.log-20191105
-rw-------. 1 root    root     24070 Nov  6 03:14 boot.log-20191106
-rw-rw----. 1 root    utmp         0 Nov  5 18:13 btmp
-rw-rw----. 1 root    utmp       768 Oct 31 19:36 btmp-20191105
drwxr-xr-x. 2 chrony  chrony       6 May 11 22:39 chrony
-rw-------. 1 root    root      6076 Nov  6 05:01 cron
-rw-------. 1 root    root      9965 Oct 31 18:28 cron-20191031
drwxr-xr-x. 2 lp      sys        135 Oct 31 18:28 cups
-rw-------. 1 root    root    355327 Nov  6 05:00 dnf.librepo.log
-rw-r--r--. 1 root    root    191581 Oct 31 18:26 dnf.librepo.log-20191031
-rw-------. 1 root    root     68694 Nov  6 05:00 dnf.log
-rw-r--r--. 1 root    root     41073 Oct 31 18:26 dnf.log-20191031
-rw-------. 1 root    root      2324 Nov  6 05:00 dnf.rpm.log
:
```

1 開始使用 Linux

2 基本的控制

3 掌握編輯器的運用

4 進一步運用 Linux

5 管理系統與使用者

6 開始使用 GUI

7 中文化環境

8 進階操作

9 附錄

檔案相關的指令 (2)

介紹 alias/unalias 與 ln 指令。

設定別名

如果是經常使用的指令,每次都要輸入相同的參數與選項相當麻煩。而使用 **alias** 指令,就可以對包含選項與參數的指令整體記述內容設定別名(**alias**)。

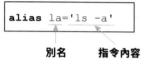

別名　　指令內容
　　　　以「'(單引號)」括起。

不能使用既有的指令名稱作為別名。

例

```
[shiori@localhost ~]$ la ←──────── 相當於執行 ls -a。
.       .bash_history   .bash_profile   .canna   .viminfo   diary.txt   rdrct
..      .bash_logout    .bashrc                  .gtkrc     data
```

≫ 顯示別名清單

執行 alias 指令時如未附上參數與選項,就能顯示當下可使用的別名。

```
alias
```

結果

```
alias ..='cd ..'
alias la='ls -a'
```

別名　　指令內容

 刪除別名

取消別名時可以使用 unalias 指令。

```
unalias la
```

別名

建立連結

ln 指令（LiNk）用於建立檔案與目錄的**連結**（**連結檔**）。連結分為兩種，分別是**符號連結**（symbolic link）與**硬連結**（hard link）。

```
ln -s /home/shiori/sample1.txt sample
```

連結的種類
-s……符號連結
無…硬連結

連結指向的位置
若以絕對路徑指定，即使移動連結檔也依然可以使用。

連結名稱

> 像是 Windows 的捷徑一樣，可以指向連結的位置

》 符號連結與硬連結的差異

符號連結　　＝指向檔案

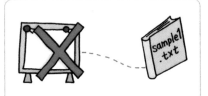

即使刪除連結也不會影響原本的檔案

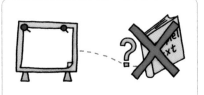

刪除檔案本體後，連結也會被切斷。

硬連結　　＝指向**檔案的實體**

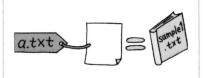

一般的檔案，其實體與名稱是 1 對 1 的關係。

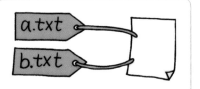

建立硬連結後，能以 2 個名稱指向 1 個檔案。

1 開始使用 Linux

2 基本的控制

3 掌握編輯器的運用

4 進一步運用 Linux

5 管理系統與使用者

6 開始使用 GUI

7 中文化環境

8 進階操作

9 附錄

檔案相關的指令（3）

介紹 type 指令、stat 指令，與 touch 指令。

 查詢指令的種類

只看指令名稱，並無法分辨它是別名、外部指令，還是內部指令。而使用 **type** 指令就可以查詢指令的種類。

```
type ps
```
↑ 指令名稱

例 　　　　　　　　　　　　　　　　　　　　**如果是外部指令**

```
[shiori@localhost ~]$ type ps
ps is /bin/ps
```
↑ 指令名稱　↑ 指令位置

如果是內部指令

```
[shiori@localhost ~]$ type cd
cd is a shell builtin
```
↑ 指令名稱　　殼層內建（的指令）

如果是別名

```
[shiori@localhost ~]$ type la
la is aliased to `ls -a'
```
↑ 指令名稱　　　　　　　↑ 指令內容
　　　　　是～的別名

確認／變更檔案的時戳

檔案裡會記錄更新與存取的日期、時間。這些可以透過 **stat** 指令查詢。

例

```
[shiori@localhost ~]$ stat abc.txt
File: abc.txt
Size: 6 Blocks: 8 IO Block: 4096 regular file
Device: fd00h/64768d Inode: 13704039 Links: 1
Access: (0664/-rw-rw-r--) Uid: ( 1000/ shiori) Gid: ( 1000/ shiori)
Context: unconfined_u:object_r:user_home_t:s0
Access: 2019-11-06 11:47:03.901000000 +0900 ◀── 存取日期、時間
Modify: 2019-11-06 11:46:52.382000000 +0900 ◀── 更新日期、時間
Change: 2019-11-12 17:50:08.152000000 +0900 ◀── 狀態變更的日期、時間
Birth: -
```

一旦發生變更屬性等
情況,「狀態」就會
更動。

使用 **touch** 指令,就可以變更檔案的時戳。

```
touch -md "2019-11-12 12:00:00" abc.txt
```

檔名

以 m 變更更新的日期時間,以 a 變更存取的
日期時間,若不指定,兩者都會修正。

以 d 指定日期時間,
如不指定,則會是現在的日期時間。

結果

```
File: abc.txt
Size: 6 Blocks: 8 IO Block: 4096 regular file
Device: fd00h/64768d Inode: 13704039 Links: 1
Access: (0664/-rw-rw-r--)  Uid: ( 1000/  shiori) Gid: ( 1000/  shiori)
Context: unconfined_u:object_r:user_home_t:s0
Access: 2019-11-06 11:47:03.901000000 +0900
Modify: 2019-11-06 11:46:52.382000000 +0900
Change: 2019-11-12 17:50:08.152000000 +0900
Birth: -
```

執行時如果只指定檔名,就會建立一個檔案大小為 0 的空檔案。

```
touch d.txt
```

建立空的 d.txt 檔案

1 開始使用 Linux

2 基本的控制

3 掌握編輯器的運用

4 進一步運用 Linux

5 管理系統與使用者

6 開始使用 GUI

7 中文化環境

8 進階操作

9 附錄

記憶體與磁碟的指令

介紹 **free** 指令、**df** 指令，與 **du** 指令。

查詢記憶體的使用量

使用 free 指令可以查詢記憶體的使用量。也可以確認 Swap file（將記憶體中不使用部分暫時移出至磁碟的檔案）的大小。

```
free
```

結果

```
[[shiori@localhost ~]$ free
              total        used        free      shared  buff/cache   available
Mem:        1873124     1083704      350992        6836      438428      624988
Swap:        839676       20128      819548
```

　　　　　　　　　總容量　　　　　使用量　　　　可用空間

查詢磁碟使用量

使用 **df** 指令，可以查詢目錄與檔案系統的關係及其使用量。

```
df
```

> free、df、du 指令在預設值中，其結果是以 KB（kilobyte）為單位。如果附上 -h 選項，就能以容易閱讀的單位顯示。

例

```
[shiori@localhost ~]$ df -T
Filesystem         Type      1K-blocks      Used  Available  Use%  Mounted on
devtmpfs           devtmpfs     921128         0     921128    0%  /dev
tmpfs              tmpfs        936560         0     936560    0%  /dev/shm
tmpfs              tmpfs        936560      9044     927516    1%  /run
tmpfs              tmpfs        936560         0     936560    0%  /sys/fs/cgroup
/dev/mapper/cl-root xfs        6486016   4059784    2426232   63%  /
/dev/sda1          ext4         999320    135004     795504   15%  /boot
tmpfs              tmpfs        187312         4     187308    1%  /run/user/1000
```

檔案系統與其種類　　　　　　　　總容量　　使用量　　可用空間　　　相對應的目錄

查詢檔案與目錄大小

du 指令是顯示指定檔案的大小與目錄使用量的指令。

```
du -a diary.txt
```

選項

-a … 以檔案為單位
　　　顯示大小

檔名或目錄名
稱（路徑）

結果

4	diary.txt

使用量　　　　　檔名

如未指定檔案名稱（或目錄名稱），則會查詢當前目錄以下的所有目錄。

```
du -a | more
```

如果預期會有很多顯示結
果，就可以使用管線命令
連結 less 指令。

結果

```
[shiori@localhost ~]$ du -a
8       ./.viminfo
8       ./data/b
8       ./data/a
8       ./data/sample.txt
8       ./data/sample1.txt
8       ./data/sample2.txt
48      ./data
8       ./.bash_logout
4       ./diary.txt
8       ./sample.txt
12      ./.canna
8       ./test/test.cr
16      ./test
8       ./.bash_profile
8       ./neko.txt
8       ./sample1.txt
8       ./.bashrc
8       ./.gtkrc
8       ./sample2.txt
160     .
```

1
開始使用
Linux

2
基本的控制

3
掌握編輯器的
運用

4
進一步運用
Linux

5
管理系統與
使用者

6
開始使用
GUI

7
中文化環境

8
進階操作

9
附錄

使用者相關的指令（1）

介紹 w 指令、who 指令與 passwd 指令。

確認使用者的登入狀況

如同本書一開始所介紹，Linux 是以多名使用者使用為前提的作業系統。**w** 指令能用於顯示現在登入中的使用者，以及該使用者的操作內容等資訊。

```
w
```

結果

```
[shiori@localhost ~]$ w
 11:21:25 up 1 day, 15:51,  1 user,  load average: 0.00, 0.01, 0.00
USER     TTY      FROM             LOGIN@   IDLE   JCPU   PCPU WHAT
shiori   tty1     -                01:52    0.00s  2.03s  0.10s w
```

使用者的使用狀況

類似的指令還有 **who**。這個指令會顯示使用者名稱與登入的日期時間。

```
who
```

結果

```
[shiori@localhost ~]$ who
shiori   pts/1         2019-11-12 11:08 (192.168.0.2)
```

在管理員想要確認使用者的使用狀況時相當方便喔。

變更密碼

passwd 指令可以變更使用者的密碼相關設定。一般使用者只能將這個指令用於自己的使用者帳號。

```
passwd
```

為了維護安全性，設定時密碼並不會顯示於螢幕上。

結果

```
Changing password for shiori
Current password:
New password:
Retype new password:
passwd: all authentication tokens updated successfully.
```

← 輸入現在的密碼
← 輸入新密碼
← 再次輸入新密碼

告知密碼變更成功的訊息

管理員可以重設所有使用者的密碼。重設時要像下圖一樣指定使用者帳號。

```
passwd shiojii
```

希望重設密碼的使用者帳號

管理員也可以讓特定的使用者帳號失效，或是變更密碼效期。

1 開始使用 Linux

2 基本的控制

3 掌握編輯器的運用

4 進一步運用 Linux

5 管理系統與使用者

6 開始使用 GUI

7 中文化環境

8 進階操作

9 附錄

使用者相關的指令（2）

介紹 history 指令，另外也會說明便於輸入指令的殼層功能。

 查詢指令的歷史紀錄

使用 **history** 指令可以顯示過去曾輸入的指令。

```
history 5
```

如不指定（包含 history 指令本身的）
顯示筆數，以 bash 來說會回溯 500
筆歷史紀錄。

結果

```
299 ls
300 cat homelist.txt
301 cd data
302 cd
303 history 5
```

舊 → 新

歷史紀錄編號

接著輸入「!」與編號，並按下 Enter 鍵，就可以再次執行該編號所對應的指令。

```
[shiori@localhost ~]$ !299
```

編號 299 的 ls 指令
會被再次執行

也可以使用上下方向鍵（↑↓）翻看歷史紀錄。如果出現想要執行的指令，就按下
Enter 鍵。

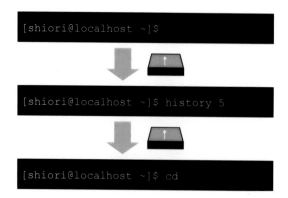

```
[shiori@localhost ~]$
```
↑
```
[shiori@localhost ~]$ history 5
```
↑
```
[shiori@localhost ~]$ cd
```

輸入的輔助功能

以 bash 來說，只要在輸入指令與路徑的過程中按下 TAB 鍵，就會自動補足字串尚未輸入完成的剩餘字元。

```
[shiori@localhost ~]$ cd /home/shi
```

```
[shiori@localhost ~]$ cd /home/shiori
```

> 若符合條件的選項只有 1 個，就會自動顯示。

有多個符合條件的選項時，按兩下 TAB 鍵，就會顯示選項清單。

```
[shiori@localhost ~]$ ls /var/l
```

```
[shiori@localhost ~]$ ls /var/l
lib/ local/ lock/ log/
```

> 選項清單

使用的按鍵會因殼層不同而有所差異。

1
開始使用
Linux

2
基本的控制

3
掌握編輯器的
運用

4
進一步運用
Linux

5
管理系統與
使用者

6
開始使用
GUI

7
中文化環境

8
進階操作

9
附錄

權限（1）

介紹權限的設定。

權限是什麼？

權限是使用者與群組對於檔案與目錄所擁有的權利。也稱為**存取保護模式**、**權限屬性**、**存取權限**。

≫ 三種屬性
權限分為**讀取**、**寫入**、**執行**（包含移動與搜尋目錄等）這三種屬性。要分別對這三個屬性設定「可以」或「不行」。

≫ 三種使用者類型
可以對以下三種身分個別指定讀取、寫入，與執行的屬性。

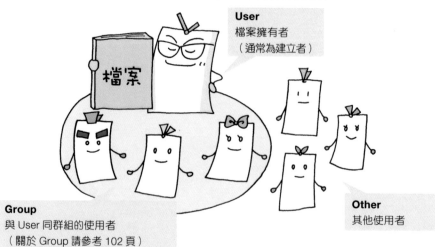

User
檔案擁有者
（通常為建立者）

Group
與 User 同群組的使用者
（關於 Group 請參考 102 頁）

Other
其他使用者

確認權限

接下來對於權限的說明,將以第二章說明 ls 指令時輸入「ls -1」後的輸出結果為例。

```
[shiori@localhost ~]$ ls -l
drwxr-xr-x   2 shiori shiori      4096 Feb 11  2002 a
drwx------   5 shiori shiori      4096 Feb 11  2002 b
-rw-r--r--   1 shiori shiori       974 Oct 20 18:46 sample1.txt
-rw-r--r--   1 shiori shiori       951 Oct 20 18:41 sample2.txt
```

檔案種類與權限   硬連結數量

左邊的區塊表示檔案的種類(開頭第 1 個字元)與權限(剩餘 9 個字元)。讓我們取出一行來詳細看看吧。

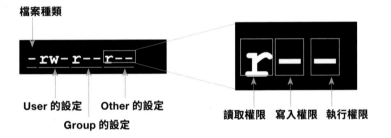

檔案種類

`-rw-r--r--`

User 的設定   Other 的設定
        Group 的設定

讀取權限 寫入權限 執行權限

若以 vi 建立文字檔,通常在一開始權限就會被設定如上。在這個設定中,「建立者本人(User)並沒有執行權限,隸屬於 Group 與 Other 的使用者則只有讀取權限」。各個符號的意思如下。

檔案種類	意思
-	一般的檔案
d	目錄
l	符號連結
c	字元特殊設備檔※
b	區塊特殊設備檔※

權限	意思
r	可讀取(Readable)
w	可寫入(Writable)
x	可執行(eXecutable)
-	不具權限(此符號適用於各個權限)

※用於存取周邊設備的檔案。依照資料管理方式分為 2 類。

1 開始使用 Linux

2 基本的控制

3 掌握編輯器的運用

 4 進一步運用 Linux

5 管理系統與使用者

 6 開始使用 GUI

7 中文化環境

8 進階操作

9 附錄

權限（2）

實際設定權限。

權限的設定

所有的檔案與目錄在初始狀態就設定有權限。如果使用 **chmod** 指令，使用者就能自行變更權限。

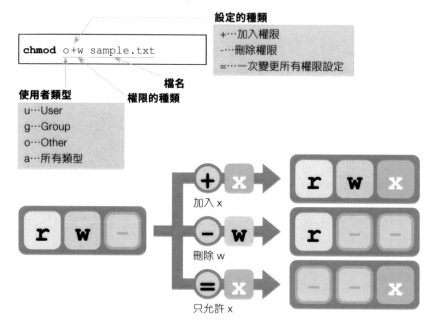

```
chmod o+w sample.txt
```

設定的種類
+⋯加入權限
-⋯刪除權限
=⋯一次變更所有權限設定

使用者類型
u⋯User
g⋯Group
o⋯Other
a⋯所有類型

檔名
權限的種類

加入 x
刪除 w
只允許 x

例題

（1）從以下資訊，說明 result.gz 的權限。

```
-rw-rw-r--    1 shiori shiori        756 Oct 20 18:46 result.gz
```

（2）請對所有使用者加入新建檔案「example.txt」的執行權限。

解答在右邊頁面。

1
開始使用
Linux

2
基本的控制

3
掌握編輯器的
運用

4
進一步運用
Linux

5
管理系統與
使用者

6
開始使用
GUI

7
中文化環境

8
進階操作

9
附錄

≫ 以數值指定權限

也可以使用數值來指定權限。代表各權限的數值如下。

權限	數值
r（可讀取）	4
w（可寫入）	2
x（可執行）	1
-（不具權限）	0

假設「User 擁有所有權限，不過 Group 與 Other 則只有寫入權限」，則會如下圖。

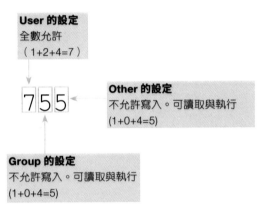

User 的設定
全數允許
（1+2+4=7）

7 5 5

Other 的設定
不允許寫入。可讀取與執行
(1+0+4=5)

Group 的設定
不允許寫入。可讀取與執行
(1+0+4=5)

使用 **chmod** 指令，以數值來指定權限的方法如下。

```
chmod 744 test.sr
```

User 擁有所有權限，
其他的使用者則只能
讀取。

例題的解答

(1) User 與 Group 可以讀取與寫入，其他則只能讀取。

(2) chmod a+x example.txt

權限（2）　79

shell script (1)

一次提出多個指令時，要使用 shell script。這裡將介紹建立 shell script 的基本方式。

shell script 是什麼？

shell script 是事先將給殼層的命令（指令）儲存於文字檔中。可以一次執行組合多個指令的一連串操作。

可以製作成類似簡單程式的東西。

》 權限的設定

shell script 本身其實只是個文字檔。要讓它發揮功能，則必須修改權限設定，給予使用者執行權限。設定時會使用 **chmod** 指令，方法如下。

```
chmod u+x test.sh
```

權限
對 User 新增執行權限

shell script 名稱
（路徑）

shell script 的範例

舉例來說，shell script 看起來就如下圖。

lshome.sh

```
#!/bin/sh
ls /home
#Ask your name
echo Input your name:
read name
echo "Hello $name"
```

在 echo 指令中寫入變數時，整
體會以雙引號括起，並以 $ 標
出變數。

宣告殼層種類
shell script 會因為殼層不同導致建立方式與
可用功能不同。因此第一行會在 #! 符號後方
明確寫下「是給哪種殼層所用」。

指令的執行
顯示 home 目錄的內容。

註解行
的右邊會顯示註解。

echo 指令
將接續的字串顯示於終端介面上。

read 指令
從鍵盤輸入的內容會被接收到 name。
這裡的 name 就是一個變數。

/bin/sh 是最基本的殼層——
sh 的路徑。若不設定特殊殼
層，通用性會更佳。

1
開始使用
Linux

2
基本的控制

3
掌握編輯器的
運用

4
進一步運用
Linux

5
管理系統與
使用者

6
開始使用
GUI

7
中文化環境

8
進階操作

9
附錄

shell script（2）

實際建立並執行 shell script。

 建立 shell script 檔案

以上一頁的 shell script 為例，來看看建立的流程。

※粗體字是輸入的文字。

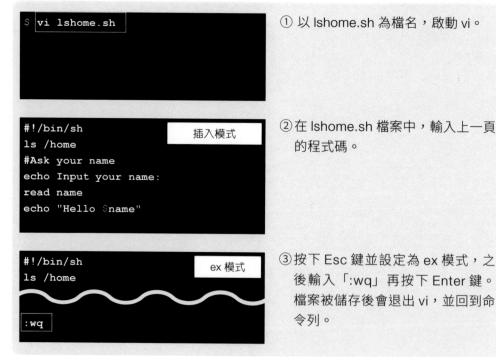

```
$ vi lshome.sh
```
① 以 lshome.sh 為檔名，啟動 vi。

```
#!/bin/sh                    插入模式
ls /home
#Ask your name
echo Input your name:
read name
echo "Hello $name"
```
②在 lshome.sh 檔案中，輸入上一頁的程式碼。

```
#!/bin/sh                    ex 模式
ls /home


:wq
```
③按下 Esc 鍵並設定為 ex 模式，之後輸入「:wq」再按下 Enter 鍵。檔案被儲存後會退出 vi，並回到命令列。

如果對操作 vi 還感到有些擔心，就回去看看第 3 章的內容吧。

權限的設定與執行

試著設定並執行權限。

```
$ chmod u+x lshome.sh
```

④ 在命令列輸入左圖內容，對使用者新增 lshome.sh 的執行權限。

```
$ ./lshome.sh
```

⑤ 如果執行不具路徑的指令，就必須像左圖一樣以相對路徑指定檔名。並按下 Enter 鍵執行。

```
$ ./lshome.sh
books   ehon   shiori   test
Input your name:
```

⑥ 首先會顯示 home 目錄的內容（假設目錄結構如下）。接著會顯示「Input your name」。

```
       /home
   ┌────┬────┬────┐
 books  ehon  shiori  test
```

```
$ ./lshome.sh
books   ehon   shiori   test
Input your name:
shiori
Hello, shiori
$
```

⑦ 輸入姓名並按下 Enter 鍵後，會在結果的開頭加上「Hello,」並回傳。

shell script 也會有條件多元與重複的結構。有興趣的人請查詢專用書籍喔。

1 開始使用 Linux

2 基本的控制

3 掌握編輯器的運用

4 進一步運用 Linux

5 管理系統與使用者

6 開始使用 GUI

7 中文化環境

8 進階操作

9 附錄

多工處理與程序控制

Linux 中的任務處理與程序、工作的概念。

Linux 的任務處理

Linux 是能同時執行多個**任務**（task，系統所執行的操作），支援**多工處理**（multi-task）的作業系統。

任務也被稱為**程序**（process），在 Linux 環境中，程序是作業系統進行管理時的基本單位。

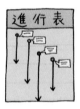

> 管理程序是作業系統的重要任務。

》 工作

以管線命令連接多個指令等情況下會聚集一個以上的指令（程序），這就是**工作**。工作與程序各有獨立的編號。

ps 指令

ps（Process Status）指令會將目前運作中的程序附上 ID 編號，顯示為清單。

```
ps
```

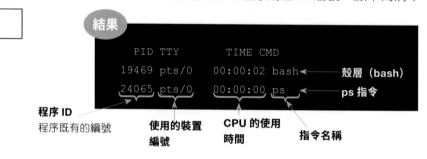

```
      PID TTY       TIME CMD
    19469 pts/0  00:00:02 bash    ← 殼層（bash）
    24065 pts/0  00:00:00 ps      ← ps 指令
```

程序 ID
程序既有的編號

使用的裝置編號

CPU 的使用時間

指令名稱

 **jobs 指令**

jobs 指令會將目前運作中的工作附上編號,並顯示為清單。

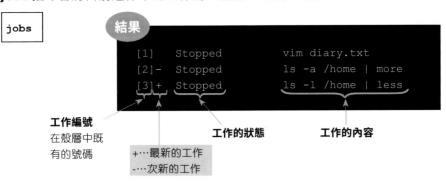

工作編號
在殼層中既
有的號碼

+…最新的工作
-…次新的工作

工作的狀態

工作的內容

 **kill 指令**

要結束因為某種理由無法退出而殘留的程序或工作時,會使用 **kill** 指令。(一般使用者只能退出自己所執行的程序)。

程序 ID 或是工作編號

希望強制退出時,會寫
為「kill -9 程序 ID」。

 **暫停與重啟工作**

執行中的工作可以暫停或重啟。暫停時要按下 [Ctrl] 與 [Z] 鍵。例如在 Vim 中編輯 diary.txt 檔案時按下 [Ctrl] 鍵與 [Z] 鍵,就會顯示如下。

工作編號

暫停中工作資訊

要重新開啟工作,可以使用 **fg**(Fore Ground)指令指定工作編號並執行。如不指定工作編號,就會重新開啟最新的工作。

工作編號

1 開始使用 Linux

2 基本的控制

3 掌握編輯器的運用

4 進一步運用 Linux

5 管理系統與使用者

6 開始使用 GUI

7 中文化環境

8 進階操作

9 附錄

～參考線上手冊～

Linux 其實是附有手冊的。雖說如此，它並不是像紙一樣厚重的手冊，而是可以在 Linux 系統中隨時查找任意指令的線上手冊。

叫出線上手冊時，要使用 **man**（MANual）指令。在 man 指令後方輸入想查找的指令名稱。

```
man ls
```

在初始設定中，會預設使用 less 指令顯示（可以使用選項切換為 more）。資訊量較多時，可按下空白鍵切換至下一頁。若中途希望離開，則要輸入「q」。

```
LS(1)                               User Commands                               LS(1)

NAME
       ls - list directory contents

SYNOPSIS
       ls [OPTION]... [FILE]...

DESCRIPTION
       List  information about the FILEs (the current directory by default).  Sort entries alphabetically
       if none of -cftuvSUX nor --sort is specified.

       Mandatory arguments to long options are mandatory for short options too.

       -a, --all
              do not ignore entries starting with .

       -A, --almost-all
              do not list implied . and ..

       --author
              with -l, print the author of each file

       -b, --escape
              print C-style escapes for nongraphic characters

       --block-size=SIZE
              scale sizes by SIZE before printing them; e.g., '--block-size=M' prints sizes in  units  of
              1,048,576 bytes; see SIZE format below

       -B, --ignore-backups
              do not list implied entries ending with ~

       -c     with -lt: sort by, and show, ctime (time of last modification of file status information);
              with -l: show ctime and sort by name; otherwise: sort by ctime, newest first

Manual page ls(1) line 1 (press h for help or q to quit)
```

5

管理系統與
使用者

系統管理的重點與使用者管理

本章將介紹管理 Linux 系統時的重點。

原本 UNIX 環境的管理員與一般使用者在區分上就相當嚴格，因此一般使用者幾乎沒有機會執行系統管理的相關操作。然而 Linux 環境則經常有機會在電腦與個人用伺服器上執行系統管理。因此我們要學習區別 Linux 的一般使用者與管理員，以及使用者建立方式與群組的概念。Windows 系統也會以多名使用者來區別環境，或是設置管理員帳號。而 Linux 系統對於不同使用者也嚴謹地區分。

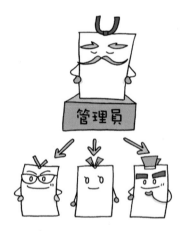

Linux 環境設定的內容深奧，本書的說明將會集中於「是什麼樣的流程讓系統得以成立，以及關注哪個部分才能掌握整體概念」。另外也會概略地介紹 **systemd** 與 **init script**（兩者都是 Linux 啟動時所用系統的一部份）。此外，本章的設定檔名與目錄名稱等都是以 Cent OS 8 為前提，不同發行版中名稱也許有異，如有必要，閱讀時請自行替換名詞。

系統管理的相關指令

本章的後半部將介紹幾個管理系統時的常用指令。有些指令必須要以管理員身分登入才能使用，若是不知道管理員帳號（**root**）的密碼，那麼跳過這些段落也無妨。話雖如此，在發生問題時就算只是知道管理相關的指令名稱與功能，或許也會有所幫助喔！

系統管理相關指令幾乎都是管理員才能使用。這是因為開放一般使用者操作這些指令的風險實在太高。不過，就算是管理員，隨意退出或重啟系統的情況也並不樂見。請不要忘記管理員的身分與權利伴隨著安全使用系統的義務喔！

1 開始使用 Linux

2 基本的控制

3 掌握編輯器的運用

4 進一步運用 Linux

5 管理系統與使用者

6 開始使用 GUI

7 中文化環境

8 進階操作

9 附錄

系統管理員

了解超級使用者（root）是什麼。

使用者的種類

Linux 的使用者大致上可分為管理員與一般使用者。管理員稱為**超級使用者**（superuser），其帳號名稱就是 **root**。新建立使用者帳號時，會登錄為一般使用者，以和管理員有所區別。

有時候會稱管理員為 root。

超級使用者可以不受限制地使用系統所有功能。在 Windows 系統中，可以存在多個具有管理員權限的帳號，不過 Linux 系統則只會有一個。

切換使用者

日常的操作會建議由一般使用者來執行。不過臨時需要更改環境設定時，以 root 身分重新登入十分麻煩。這種情況就可以使用 **su** 指令。

≫ su 指令

su 指令（Switch User）讓使用者可以在登入的情況下切換為其他使用者。使用 su 指令時，如不指定使用者，則能夠以 root 帳號登入。

選項

-…不沿用原本的使用者環境
無…沿用原本的使用者環境

有 - 的情況

```
[shiori@localhost ~]Z su -
Password:                         ◄── 輸入密碼
[root@localhost# ~]#              ◄── 登入 root 時的提示字元會是 #

          當前目錄則為 root 的家目錄
```

沒有 - 的情況

```
[shiori@localhost ~]Z su
Password:                         ◄── 輸入密碼
[root@localhost shiori]#

          當前目錄會是執行 su 指令的位置
```

※ 沿用原本的使用者環境時，可能會發生部分指令無法使用的情況（useradd 等）。

採用以下的方式就能以指定使用者的身分登入。這個功能在臨時希望進入其他使用者的登入環境操作等情況相當方便。

使用者名稱

≫ sudo 指令

輸入「sudo 指令名稱」後，就能暫時以 root 的權限來執行指令。必須要是 wheel 群組的成員才能執行 sudo 指令。

 開始使用 Linux

 基本的控制

 掌握編輯器的運用

 進一步運用 Linux

 管理系統與使用者

 開始使用 GUI

 中文化環境

 進階操作

附錄

關於系統管理

介紹 Linux 的系統管理。

系統啟動的流程

接下來讓我們以 CentOS 為例,來看看 Linux 系統啟動前的大概流程吧!

① 電源 ON

② 啟動核心

③ 啟動 systemd

④ 啟動各種服務

⑤ 登入

雖然看不到,不過其實有很多個步驟被執行喔。

systemd

以 CentOS 為例,啟動核心後,就會開啟一種名為 systemd 的系統環境設定程式。而 systemd 會啟動各種服務的程序。

systemd 所管理的服務範例

- 顯示管理器(GNOME、X、KDE 等)
- SSH service
- FTP service
- HTTP Web service

以前使用的是 init 與 inittab 等機制,不過從 CentOS7 開始就已經改變。

》以服務單位來管理

systemd 將各種服務以服務單位（unit）進行管理。也因此，即便程序中途異常終止，也能在服務單位內維持作業的完整性。服務單位分為幾個類別。

服務單位類別範例

service	啟動與停止系統服務（daemon）的服務單位
device	偵測裝置的服務單位
target	將服務單位群組化而來

是否啟用服務單位，要透過 systemctl 指令管理。如不附上參數就執行，就會像下圖一樣顯示服務單位的清單。

```
UNIT                              LOAD    ACTIVE SUB      DESCRIPTION
  proc-sys-fs-binfmt_misc.automount loaded active waiting    Arbitrary Executabl>
  sys-devices-pci0000:00-0000:00:01.1-ata2-host1-target1:0:0-1:0:0:0-block-sr0.>
  sys-devices-pci0000:00-0000:00:03.0-net-enp0s3.device loaded active plugged  >
  sys-devices-pci0000:00-0000:00:05.0-sound-card0.device loaded active plugged >
  sys-devices-pci0000:00-0000:00:08.0-net-enp0s8.device loaded active plugged  >
  sys-devices-pci0000:00-0000:00:0d.0-ata3-host2-target2:0:0-2:0:0:0-block-sda->
  sys-devices-pci0000:00-0000:00:0d.0-ata3-host2-target2:0:0-2:0:0:0-block-sda->
  sys-devices-pci0000:00-0000:00:0d.0-ata3-host2-target2:0:0-2:0:0:0-block-sda.>
  sys-devices-platform-serial8250-tty-ttyS0.device loaded active plugged   /sys>
  sys-devices-platform-serial8250-tty-ttyS1.device loaded active plugged   /sys>
  sys-devices-platform-serial8250-tty-ttyS2.device loaded active plugged   /sys>
  sys-devices-platform-serial8250-tty-ttyS3.device loaded active plugged   /sys>
  sys-devices-virtual-block-dm\x2d0.device loaded active plugged   /sys/devices>
  sys-devices-virtual-block-dm\x2d1.device loaded active plugged   /sys/devices>
  sys-devices-virtual-net-virbr0.device loaded active plugged   /sys/devices/vi>
  sys-devices-virtual-net-virbr0\x2dnic.device loaded active plugged  /sys/dev>
  sys-module-configfs.device                               gfs
  sys-module-fuse.device          loaded
  sys-subsystem-net-devices-enp0s3.device loaded active plugged    82540EM Gigab>
  sys-subsystem-net-devices-enp0s8.device loaded active plugged    82540EM Gigab>
  sys-subsystem-net-devices-virbr0.device loaded active plugged   /sys/subsyste>
  sys-subsystem-net-devices-virbr0\x2dnic.device loaded active plugged   /sys/s>
```

這個部分是服務單位的名稱（device）

🔓 操作模式

Systemd 是基於 default.target 這個操作環境（target unit）的資訊來執行程序。使用不同 target，就能以不同的模式啟動。

target	功能
poweroff.target	退出系統（關機）
rescue.target	維護模式
multi-user.target	多用戶模式
graphical-target	多用戶圖形模式
reboot.target	重新開機

target 就相當於 CentOS6 以前的 runlevel。

開始使用 Linux

基本的控制

掌握編輯器的運用

進一步運用 Linux

管理系統與使用者

開始使用 GUI

中文化環境

進階操作

附錄

網路指令

介紹網路相關基本指令 ifconfig、ip、nslookup。

確認網路介面卡的資訊

確認網路介面卡被指派的 IP 位址等資訊時，要使用 ifconfig 指令。

```
ifconfig
```

乙太網路介面卡
etho0

IPv4 位址　　Ipv6 位址

```
eth0      Link encap:Ethernet  HWaddr 00:XX:XX:XX:XX:XX
          inet addr:192.168.XXX.XXX  Bcast:192.168.XXX.255  Mask:255.255.255.0
          inet6 addr: fe80::XXXX:XXXX:XXXX:XXX X/64 Scope:Link
          UP BROADCAST RUNNING MULTICAST  MTU:1500  Metric:1
          RX packets:67239149 errors:0 dropped:0 overruns:0 frame:0
          TX packets:84549070 errors:0 dropped:0 overruns:0 carrier:0
          collisions:0 txqueuelen:1000
          RX bytes:1302544300 (1.2 GiB)  TX bytes:2568963638 (2.3 GiB)
          Interrupt:18
lo        Link encap:Local Loopback
          inet addr:127.0.0.1  Mask:255.0.0.0
          inet6 addr: ::1/128 Scope:Host
          UP LOOPBACK RUNNING  MTU:16436  Metric:1
          RX packets:225 errors:0 dropped:0 overruns:0 frame:0
          TX packets:225 errors:0 dropped:0 overruns:0 carrier:0
          collisions:0 txqueuelen:0
          RX bytes:21916 (21.4 KiB)  TX bytes:21916 (21.4 KiB)
```

虛擬網卡

虛擬網卡是一種虛擬裝置，請先看虛擬網卡以外的部分喔！

只不過，近年來更推薦使用 ip 指令取代 ifconfig。要取得相同結果，寫法如下。

```
ip addr
```

乙太網路介面卡
eth0

1
開始使用
Linux

2
基本的控制

3
掌握編輯器的
運用

4
進一步運用
Linux

5
管理系統與
使用者

6
開始使用
GUI

7
中文化環境

8
進階操作

9
附錄

例

```
1: lo: <LOOPBACK,UP,LOWER_UP> mtu 16436 qdisc noqueue state UNKNOWN
    link/loopback 00:00:00:00:00:00 brd 00:00:00:00:00:00
    inet 127.0.0.1/8 scope host lo
    inet6 ::1/128 scope host
        valid_lft forever preferred_lft forever
2: eth0: <BROADCAST,MULTICAST,UP,LOWER_UP> mtu 1500 qdisc mq state UP qlen 1000
    link/ether 00:19:99:df:ec:f5 brd ff:ff:ff:ff:ff:ff
    inet 192.168.XXX.XXX/24 brd 192.168.XXX.XXX scope global eth0
    inet6 fe80::XX:XXXX:XXXX:XXXX/64 scope link
        valid_lft forever preferred_lft forever
```

虛擬網卡

IPv6 位址

IPv4 位址

nslookup 指令

nslookup 指令會從 DNS 伺服器取得指定主機名（DNS 名稱或是 IP 位址）的相關資訊。

```
nslookup www.shoeisha.co.jp
```

主機名稱

結果

```
Server:       ns.shiori.com          ◄── DNS 伺服器的主機名稱
Address:      192.168.0.250#53        ◄── DNS 伺服器的 IP 位址
                                          #53 是連接埠號
Name:    www.shoeisha.co.jp          ◄── 所查詢的 FQDN（完整網域名稱）
Address: 114.31.94.139               ◄── 所查詢的位址
```

網路設定

介紹網路的基本設定。要進行網路設定，必須要以管理員身分登入。

設定檔的位置

網路相關設定基本上是由 /etc/sysconfig 中的 network 檔案，以及 /etc/sysconfig/network-scripts 中的設定檔所管理。

網路設定的基本項目

網路的設定項目相當廣泛，這裡要介紹以下六種。

主機名稱
DNS 伺服器
IP 位址
子網路遮罩
閘道位址
是否有 DHCP

≫ 主機名稱的設定
主機名稱記錄在 /etc/hostname 的文字檔中（一直到 CentOS6 都儲存於 /etc/sysconfig/network）。

localhost.localdomain ◀—— 完整網域名稱（FQDN）

主機名稱　　網域名稱

≫ DNS 伺服器的設定

DNS 伺服器的設定是為了透過網路解決名稱的問題。這個設定被記錄在 /etc/resolv. conf 檔案中。

```
nameserver 192.168.0.1
nameserver 10.0.0.1
```

DNS 伺服器的 IP 位址

≫ 其他設定

其他設定會記錄在因應不同網路介面（乙太網路卡等）所預備的檔案中。這裡就讓我們來看看與 eth0 介面相關的檔案，/etc/sysconfig/network-scripts/ifcfg-eth0。

如果使用 DHCP

```
DEVICE=eth0      ←──────── 裝置名稱
BOOTPROTO=dhcp   ←──────── 寫有 dhcp
ONBOOT=yes       ←──────── 指定系統啟動時是否要讓設定生效
```

如果不使用 DHCP

```
DEVICE=eth0
BOOTPROTO=static      ←────── 寫有 static
ONBOOT=yes
IPADDR=192.168.168.96 ←────── IP 位址
NETMASK=255.255.255.0 ←────── 子網路遮罩
GATEWAY=192.168.168.1 ←────── 閘道位址
```

1 開始使用 Linux

2 基本的控制

3 掌握編輯器的運用

4 進一步運用 Linux

5 管理系統與使用者

6 開始使用 GUI

7 中文化環境

8 進階操作

9 附錄

日期與時間設定

來看看在系統管理上相當重要的時間管理吧！

系統時鐘

作業系統內建的時鐘，就稱為**系統時鐘**（system clock）。要正確管理檔案時戳（例如建立時間等記錄）與使用者的使用記錄，系統時鐘的設定也相當重要。

基本上是以電腦本體的時鐘（RTC: Real Time Clock，或者也稱為硬體時鐘）為基準。

date 指令

date 指令用於設定、管理系統時鐘的日期與時間。確認當下日期、時間的方法如下。

```
date
```

結果

```
Wed Nov 20 09:04:39 JST 2019
```
◄── 會顯示執行瞬間的日期與時間。

使用 NTP 伺服器將時間同步化

Linux 系統接上網路時，會使用 NTP（Network Time Protocol）伺服器，一種用於將時間同步化的伺服器來定期調整時間。要支援這樣的操作，必須啟動 ntpd 這個系統服務。

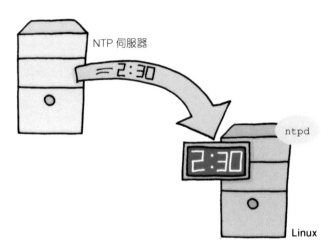

NTP 伺服器

ntpd

Linux

ntpd 會以記錄於 /etc/ntp.conf 的 NTP 伺服器與時間資訊為基準來調整時間。

 ## ntpdate 指令

ntpdate 指令會查詢 NTP 伺服器，將時間同步化。參數的部分要如下圖一樣指定 NTP 伺服器名稱。另外，這個指令無法在 ntpd 執行期間使用。

```
ntpdate time.stdtime.gov.tw
```

NTP 伺服器名稱

結果

```
Sun Oct 20 09:04:39 CST 2020
```
← **會顯示執行瞬間的日期與時間。**

time.stdtime.gov.tw 是國家時間與頻率標準實驗室的 NTP 伺服器。

1 開始使用 Linux

2 基本的控制

3 掌握編輯器的運用

4 進一步運用 Linux

5 管理系統與使用者

6 開始使用 GUI

7 中文化環境

8 進階操作

9 附錄

建立與刪除使用者

說明如何建立與刪除使用者帳號。這些操作只有管理員才能執行。

 建立使用者

首先使用 **useradd** 指令設定使用者名稱。使用者名稱不能重複。有相同名稱的使用者時會跳出通知訊息。如果加上 **-m** 的選項，則會同時建立使用者家目錄。

使用者名稱

接著再以 **passwd** 指令（請參考 73 頁）設定密碼。若不設定密碼，可能會出現安全性問題。此外，在有些設定中，沒有密碼可能就無法登入。

使用者名稱

執行 useradd 後並
未馬上設定密碼。

例題

```
[root@localhost ~]# useradd -m testuser ←    使用者名稱設定
[root@localhost ~]# passwd testuser ←        密碼設定
Changing password for user testuser.
New UNIX password:                           輸入密碼
Retype new UNIX password:                    （不會顯示出來）
passwd: all authentication tokens updated successfully.
```

刪除使用者帳號

刪除使用者帳號時，要使用 **userdel** 指令。

```
userdel -r testuser
```

選項　　　　　　　　　　使用者名稱

-r…刪除帳號與其家目錄
無…只刪除帳號

注意不要因為輸入錯誤等原因而誤刪其他使用者喔！

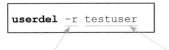 ## 多用戶模式與單用戶模式

Linux 系統分為由多名使用者使用的**多用戶模式**，以及只有管理員一人可以登入的**單用戶模式**。單用戶模式的存在，是為了讓管理員在維護時可以放心操作。(請參考 93 頁)。

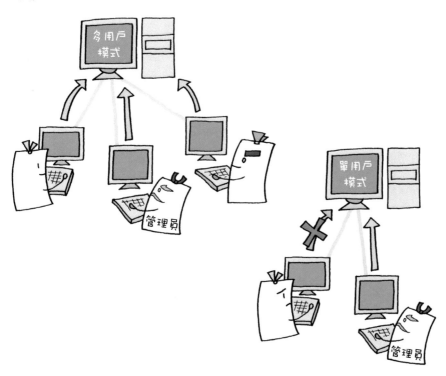

 1　開始使用 Linux

 2　基本的控制

 3　掌握編輯器的運用

 4　進一步運用 Linux

 5　管理系統與使用者

 6　開始使用 GUI

 7　中文化環境

 8　進階操作

9　附錄

群組管理（1）

在第 4 章的權限中，我們曾介紹「群組（Group）」這個使用者類型。這裡要來看看群組到底是什麼。

以群組管理

先為使用者設定群組的話，就可以透過權限設定（請參考 76 頁），給予同群組內所有使用者相同的權限。

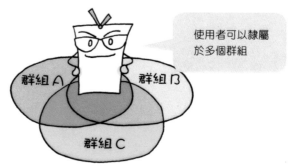

使用者可以隸屬於多個群組

在 Linux 系統建立使用者時，就會產生一個與使用者名稱同名的新群組，而使用者則會被分配到該群組。

主群組

使用者所屬群組中最主要的群組，就稱為**主群組**（primary group）。

次群組
（副群組）
主群組之外的群組。

主群組

≫ 擁有者與所屬群組

檔案與目錄中會記錄**擁有者**與**所屬群組**。在 vi 中新增檔案後，建立檔案的使用者就會成為檔案擁有者，使用者的主群組就會變成檔案的所屬群組。

1 開始使用 Linux

2 基本的控制

3 掌握編輯器的運用

4 進一步運用 Linux

5 管理系統與使用者

6 開始使用 GUI

7 中文化環境

8 進階操作

9 附錄

例題

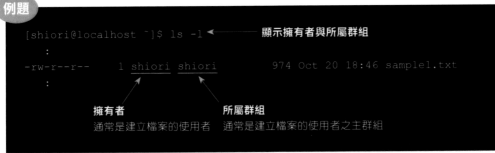

```
[shiori@localhost ~]$ ls -l ←――――― 顯示擁有者與所屬群組
    :
-rw-r--r--    1 shiori shiori      974 Oct 20 18:46 sample1.txt
    :
```

擁有者
通常是建立檔案的使用者

所屬群組
通常是建立檔案的使用者之主群組

權限中的 User 與 Group 分別是指擁有者與所屬群組。

≫ 變更擁有者與所屬群組

可以使用 **chown**（CHange OWNer）指令變更擁有者，以及使用 **chgrp**（CHange GRouP）指令變更所屬群組。

例題

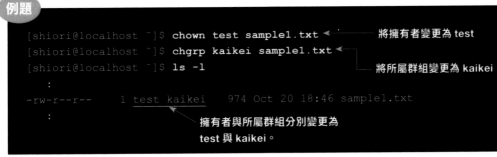

```
[shiori@localhost ~]$ chown test sample1.txt ←――― 將擁有者變更為 test
[shiori@localhost ~]$ chgrp kaikei sample1.txt ←―
[shiori@localhost ~]$ ls -l                         將所屬群組變更為 kaikei
    :
-rw-r--r--    1 test kaikei   974 Oct 20 18:46 sample1.txt
    :
```

擁有者與所屬群組分別變更為
test 與 kaikei。

※ 只有管理員可以使用 chown 指令。
※ 只有管理員與擁有者（變更所屬群組時）
　 可以使用 chgrp 指令。

群組管理（2）

介紹新增群組與刪除群組的方法。只有管理員可以執行這些操作。

 建立群組

建立群組時要使用 **groupadd** 指令。

```
groupadd kaikei
         ↑
        群組名
```

 登錄使用者

登錄使用者到群組時要使用 **usermod**（USER MODify）指令。如果變更的是登入中使用者的主群組，就必須重新登入才能讓變更生效。

```
usermod -G kaikei shiori
         ↑    ↑      ↑
        選項  群組名  使用者名稱
```

-g…登錄為主群組
-G…登錄為次群組
-aG…新增為次群組

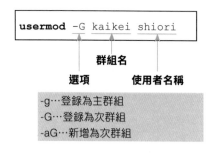

將次群組變更為主群組時，要使用 **newgrp** 指令（一般使用者只能變更自己的群組）。

```
newgrp kaikei shiori
              ↑
              使用者名稱
希望設為主群組的
群組名稱
```

刪除群組

刪除群組時，要使用 **groupdel** 指令。如果有將該群組設定為主群組的使用者則無法刪除。

```
groupdel shiori
```
↑
群組名稱

 確認群組

有幾種方法可以確認使用者隸屬於哪個群組。要知道自己的主群組以及其他所屬群組時，可以使用 **id** 指令。

例題

```
[shiori@localhost ~]$ id
uid=502(shiori) gid=502(shiori) groups=502(shiori),504(kaikei)
```

使用者的 ID 編號（名稱）

主群組的 ID 編號（名稱）

所屬群組的 ID 編號（名稱）
開頭的是主群組

使用者與群組分別擁有既定的 ID 編號。

使用 **groups** 指令則只能顯示自己所屬的群組清單。

例題

```
[shiori@localhost ~]Z groups
shiori,kaikei
```

開頭為主群組

1 開始使用 Linux

2 基本的控制

3 掌握編輯器的運用

4 進一步運用 Linux

5 管理系統與使用者

6 開始使用 GUI

7 中文化環境

8 進階操作

9 附錄

關機與重新開機

介紹退出與重新啟動系統的方法。原則上一般使用者並無法執行這些操作。

關於「退出」

「安全地退出系統並關閉電源」稱為**關機**（shutdown），「重新啟動」則稱為**重新開機**（reboot）。由於 Linux 經常被用作為常態運作伺服器，只有緊急的時候才會進行這種操作。

伺服器不像個人電腦可以擅自退出。

shutdown 指令

shutdown 指令用於退出與重新開機。執行後，登入中的所有使用者會收到通知。必須以管理員身分登入才能使用這個指令。

```
shutdown -h +5 Shutdown At 10:25
```

選項
-h…退出
-r…重新開機

指定時間
now…立刻（只用於退出）
+5…5 分鐘後

通知使用者的訊息
（每隔 1 分鐘會顯示）

退出後電源是否會自動關閉，是取決於環境設定。

通知訊息的內容

```
Broadcast message from root (tty1) (Mon Oct 17 10:20:39 2005):

Shutdown At 10:25  ←———— 上面所指定的退出通知
The system is going DOWN for system halt in 5 minutes!
```

5 分鐘後退出系統

halt 指令

halt 指令也是用於退出系統的指令。由於不具通知使用者與指定時間的功能，因此還是盡可能使用 shutdown 指令，因為這個指令在有些環境中並無法使用。

```
halt
```

reboot 指令

reboot 指令用於重新啟動系統。由於它也不具通知使用者與指定時間的功能，盡可能還是使用 shutdown 指令比較好。

```
reboot
```

注意

在有些環境中，一般使用者也可以使用 halt 與 reboot 指令。然而在多名使用者共同使用的情況下，我們無從得知別人進行了什麼操作。請務必記得我們「不應擅自退出系統」。

1
開始使用
Linux

2
基本的控制

3
掌握編輯器的
運用

4
進一步運用
Linux

5
管理系統與
使用者

6
開始使用
GUI

7
中文化環境

8
進階操作

9
附錄

使用者環境設定

介紹使用者個別的環境設定。

 隱藏檔

第一章也曾稍微提到的隱藏檔,大部分都是用於系統管理的環境設定檔。使用 ls 指令(無選項)並不會顯示隱藏檔,這是為了避免不慎操作所產生的風險。

≫ 隱藏檔的範例

如果在才剛新增的使用者家目錄執行 ls -a,就會如下圖一樣,顯示的都是隱藏檔。

例題

```
[shiori@localhost ~]Z ls -a
.       .bash_history   .bash_profile   .canna    .viminfo
..      .bash_logout    .bashrc         .gtkrc
```

主要的環境設定檔

家目錄裡的系統相關環境設定檔舉例如下（以 bash 為例）。

檔名	內容
.bash_history	以 bash 執行的指令記錄
.bash_profile	登入時所執行的環境設定
.bash_logout	登出時所執行的環境設定
.bashrc	由 .bash_profile 叫出，以及殼層啟動時所執行的環境設定
.bash_login	沒有 .bash_profile 時所使用的登入環境設定。
.profile	沒有 .bash_profile 與 .bash_login 時所使用的登入環境設定

※ 另外也可能會儲存 vi（Vim）的記錄檔（.viminfo）等應用程式的個別環境設定檔。

≫ 環境設定檔的處理流程

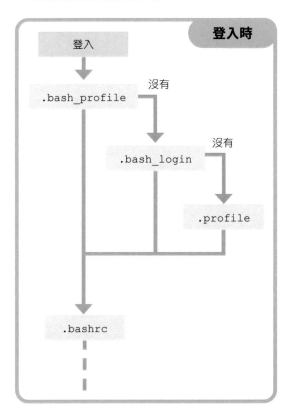

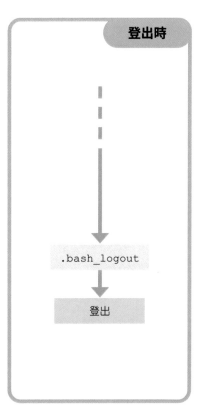

1
開始使用
Linux

2
基本的控制

3
掌握編輯器的
運用

4
進一步運用
Linux

5
管理系統與
使用者

6
開始使用
GUI

7
中文化環境

8
進階操作

9
附錄

路徑設定

介紹路徑設定方法作為環境設定的範例。

新增路徑

對含有常用指令的目錄預先設定路徑（請參考 16 頁）後，只要輸入指令名稱就能執行，這就是「新增路徑」。

> 只要輸入指令名稱就能執行，都是多虧新增的路徑。

環境變數

Linux 系統具有殼層與指令可以共同參照的內建變數，就叫作環境變數。環境變數可以透過 **env**（ENVironment）指令確認。

結果（截取部分）

```
HOSTNAME=localhost.localdomain
SHELL=/bin/bash ◄─────── SHELL 變數指定為 /bin/bash
TERM=xterm-256color
PWD=/home/shiori
LANG=ja_JP.UTF-8
HOME=/home/shiori
```

> 變數就像可以放置資訊的容器一樣。

1
開始使用
Linux

2
基本的控制

3
掌握編輯器的
運用

4
進一步運用
Linux

5
管理系統與
使用者

6
開始使用
GUI

7
中文化環境

8
進階操作

9
附錄

» 指定 Path

要新增路徑，需要在 **PATH** 變數中指定目錄的路徑。只要先在 .bash_profile 檔案中指定「PATH= 路徑」，登入時就會自動設定好 PATH 變數。如要設定多個路徑，可以使用「:」來串連。

.bash_profile 檔案

```
        :
PATH=$PATH:$HOME/bin
        :
```

PATH 變數
顯示之前所指定的
PATH 資訊

HOME 變數
顯示家目錄的路徑

新的 PATH 變數是在既有變數加上「: 家目錄的路徑 /bin」而來

查詢既有的環境變數時，要在開頭加上 $。

要使 ./bash_profile 檔案的變更生效就要重新登入，或是執行 **source** 指令再次讀取隱藏檔。

（例：source ~/.bash_profile）

» shell 變數

系統的變數中，也有像是在 shell script 中所使用的 shell 變數。其內容可以使用 **set** 指令來確認。

結果（截取部分）

```
        :
HISTFILE=/home/shiori/.bash_history
HISTFILESIZE=1000
HISTSIZE=1000
PS1='[¥u@¥h ¥W]¥$ '
PS2='> '
        :
```

set 指令會顯示環境
變數與 shell 變數。

在 shell 變數與環境變數中，若變數名稱相同，其中一方改變時另一方也會跟著改變。PATH 變數就是這樣的例子之一。

補充說明

～ cron ～

cron 是能夠自動執行 script 檔（記錄指令組合的文字檔）的系統。Cron 這個名稱據說是取自於 Command Run ON 的字首。使用這個系統，就可以在預先決定的時間讓希望定期執行的程式（包含指令與 script 檔）自動執行。

cron 是由設定檔 /etc/crontab 以及依照設定內容執行指令的 crond 程式構成。crond 這個單字尾端的 d 是從系統服務（daemon：守護神）而來。而系統服務是所謂 Linux 常駐程式的泛稱。

打開設定檔 crontab 後，會看到如下記錄。

```
01 *  * * * root run-parts /etc/cron.hourly
02 1  * * * root run-parts /etc/cron.daily
33 3  * * 0 root run-parts /etc/cron.weekly
55 5  5 * * root run-parts /etc/cron.monthly
```

從左
分、時、日、月、星期幾（以 0 ～ 7
指定。星期日可以是 0 或 7）

執行的使用者

儲存檔案的目錄

在指定的時間點確認指定的檔案儲存目錄後，就可以執行通往目錄中 script 檔與程式的連結。

以這個例子來說，由上而下每個鐘頭的 1 分、每天上午的 1 點 2 分、每周日的上午 3 點 33 分、每月 5 日的上午 5 點 55 分，就會執行個別指定目錄中的指令與 script。

6

開始使用
GUI

LINUX 的 GUI 環境

到目前為止都是以 CUI 為背景來說明，不過如今 Windows 與 macOS 當道，還是很多人希望能以 GUI 來操作 Linux。因此在第 6 章將介紹 GUI。

像 Windows 與 macOS 一樣使用視窗操作檔案與應用程式的 GUI 管理功能，就稱為 **Window System**。

在 Linux 領域中的 GUI（Window System）歷史意外悠久，如今在許多 Linux 環境中所看到的「**X**」Window System，它的開發早在 Linux 誕生前的 1984 年就開始了。當然，在那之前就有許多廠商開發各種 Window System。Window System 持續發展，在 1990 年代末 **GNOME**、**KDE**，以及 **Xfce** 等稱為**桌面環境**的系統陸續登場，這對於如今 Linux 普及至個人帶來深遠的影響。

桌面環境

本章將介紹取代以往 X Window System 的新 Window System──**Wayland** 以及在 Wayland 中運作的桌面環境。

桌面環境指的是多個實用程式（工具）的集合，它聚集了各種實用程式，使環境更便於應用，例如檔案管理工具、管理系統的設定工具，還有 LibreOffice 與瀏覽器等各式應用程式。

桌面環境有許多不同的種類可供使用者個別選擇。也因此，有些桌面環境可能不易找到具參考價值的參考書與網站。如果是 GNOME 與 KDE 這兩大主要環境的初期設定則較易取得參考資料，建議讀者可以從這裡開始熟悉。

1
開始使用 Linux

2
基本的控制

3
掌握編輯器的運用

4
進一步運用 Linux

5
管理系統與使用者

6
開始使用 GUI

7
中文化環境

8
進階操作

9
附錄

Wayland 是什麼？

介紹新的 Linux GUI 環境。

🔒 Wayland

Wayland 是讓 Linux 能夠使用 GUI 環境的系統之一。殼層擔任的是核心與使用者之間的媒介角色，而 Wayland 也是如此。

使用者可以選擇要以哪一個作為媒介。

核心

殼層
（CUI）

Wayland
（GUI）

≫ Window System

Window System 是用於管理 Window 的機制。Windows 與 macOS 也是 Window System 的一種。

Window 是 GUI 的基礎。

Wayland Compositor 與 Wayland 用戶

Wayland 是由 Wayland Compositor（顯示伺服器）與 Wayland 用戶這兩個程式組成。
使用者會透過 Wayland 用戶使用 Wayland Compositor 的功能。

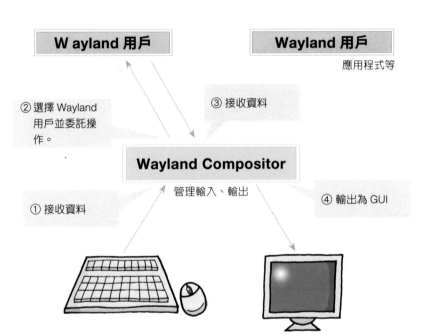

≫ Wayland 協定

Wayland Compositor 與 Wayland 用戶是透過 **Wayland 協定**（Wayland Protocol）
來進行通訊。

1　開始使用 Linux

2　基本的控制

3　掌握編輯器的運用

4　進一步運用 Linux

5　管理系統與使用者

6　開始使用 GUI

7　中文化環境

8　進階操作

9　附錄

桌面環境

介紹 GNOME 與 KDE 等桌面環境。

桌面環境是什麼?

在視窗管理員中整合桌面上的**實用程式**（工具），就稱為**桌面環境**。

如果使用桌面環境

使用環境已經整合所有需要的工具。

如不使用桌面環境

要自己逐一收集工具，建立環境。

GNOME 與 KDE

Linux 系統最著名的兩大桌面環境，分別是 **GNOME** 與 **KDE**。使用這些桌面環境，就可以使用與 Microsoft Office 具相容性的 LibreOffice、以及網路與影像相關工具。

≫ GNOME

GNOME（GNU Network Object Model Environmen）是最常被使用的桌面環境。在 CentOS、Fedora（兩者都是 Red Hat Linux 系列）與 Ubuntu 等系統中被採用為標準的桌面環境。

※ GNU（GNU is Not UNIX）
這個計畫的目標是重製與 UNIX 相容的系統時，能以自由的形式公開、建構。

GNOME 已經是第 3 版，與以往的外觀大不相同。

≫ KDE

KDE（K Desktop Environment）是使用圖形方式表現的桌面環境，與 GNOME 有所不同。

≫ 桌面環境的切換

使用者可以自由切換桌面環境。在 CentOS 8 系統的登入畫面中，點擊「登入」左側的齒輪圖示後，就會顯示右圖畫面，這時再從選項表中進行選擇。

- 標準（Wayland顯示服務器）

經典（X11顯示服務器）

經典（Wayland顯示服務器）

自訂

Xorg上的標準（X11顯示服務器）

User script

※ 這個畫面的內容指的就是登入環境。

1 開始使用 Linux

2 基本的控制

3 掌握編輯器的運用

4 進一步運用 Linux

5 管理系統與使用者

6 開始使用 GUI

7 中文化環境

8 進階操作

9 附錄

基本操作（1）

以文字模式啟動與退出 GNOME。啟動後除了鍵盤外，也必須以滑鼠操作。

以文字模式啟動

試試看從文字模式啟動 GNOME。

≫ 以文字模式安裝

如果是以文字模式安裝，從一開始就使用文字介面時，就以 root 登入，並執行以下指令。

```
systemctl enable gdm.service
```
··· 啟動 GNOME

重新啟動後，GNOME 將會被啟用。

登入

登入時的使用者名稱與密碼和文字模式中是一樣的。

登出

登出時，要選擇桌面上登出的選單。

① 操作方式會因使用環境而異，而這次所使用的 CentOS 8 在初始設定中，是從右
　上的選單點擊 [（使用者名稱）] → [登出]。

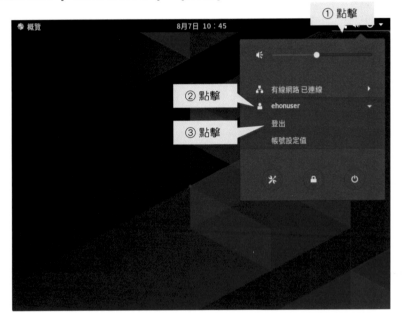

② 顯示確認是否登出的對話視窗後，按下 [登出]。

1 開始使用 Linux

2 基本的控制

3 掌握編輯器的運用

4 進一步運用 Linux

5 管理系統與使用者

6 開始使用 GUI

7 中文化環境

8 進階操作

9 附錄

基本操作 (2)

以 CentOS 8 為例，介紹 GNOME 的基本操作。

 ## 基本畫面

使用者進行操作的場所就稱為桌面。上方左側有「**概覽**」選單，右側則有系統管理用的選單。

「概覽」選單　　　　　　　　　　　　　　　　系統管理用的選單

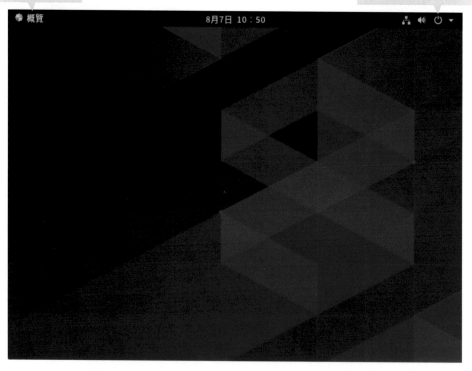

概覽選單

從左上方的概覽選單可以進行各式各樣的操作。

≫ 使用應用程式

啟動應用程式時，會使用「軟體」選單。

可以從顯示的視窗來安裝
各式各樣的應用程式。

≫ 操作檔案與資料夾

可以使用「檔案」選單啟動檔案管理工具，操作檔案與資料夾。此外，也可以從這裡叫出存取其他伺服器的工具。

也可以從這裡搜尋
檔案喔。

 管理系統

右上選單聚集了系統管理的相關功能，登出也是從這裡執行。

和 Windows 中的
控制台很相似呢！

1 開始使用 Linux

2 基本的控制

3 掌握編輯器的運用

4 進一步運用 Linux

5 管理系統與使用者

6 開始使用 GUI

7 中文化環境

8 進階操作

9 附錄

補充說明

～ X Window System ～

本書在介紹 Window System（視窗系統）時以 Wayland 為例子，不過直到幾年前使用的都是 **X Window System**（以下簡稱 X）。

X 系統是由相當於 Wayland Compositor 的 X 伺服器，以及相當於 Wayland 用戶的 X 用戶所組成。

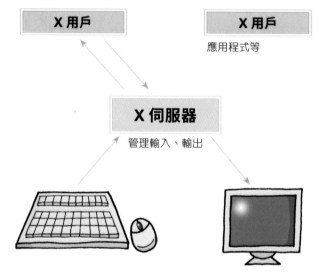

X 伺服器與 X 用戶在同一台電腦（主機）中，是透過 X 協定進行通訊。此外，也可以透過別台主機操作 X 伺服器，而這種情況下是以 TCP/IP 協定來通訊。

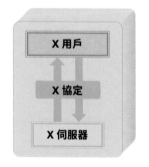
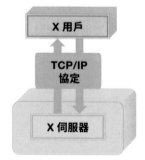

7

中文化環境

字元編碼

電腦內部的文字資料在顯示時，會使用一種名為**字元編碼**的辨識用數字。字元編碼對於電腦間文字資料的交流相當重要。如果不能正確辨識字元編碼，就無法正確顯示文字資料。這就叫做**亂碼**。英文的字元編碼種類並不多，不過亞洲地區的語系不僅字元編碼種類眾多，機制也相當複雜，這種情況下字元編碼就更為重要。

以中文的字元編碼為例，UNIX 一直以來採用 **EUC**（繁體中文則是 **EUC-TW**）作為標準的字元編碼，相較於此，Windows 從以前開始就採用 **Big-5**。只不過，最近在支援多國語言的趨勢下，**UTF-8** 這種能表示多種語言的字元編碼成為標準的應用。

由於網路的普及，在不同作業系統間進行通訊更為普遍。這種情況下，無論是瀏覽網頁或是閱讀信件，都可能會產生亂碼現象。有時候可以透過應用程式解決，沒有辦法時則需要手動調整設定，這個時候字元編碼的知識更是不可或缺。

顯示及輸入中文

Linux 系統儲存了語言及日期等區域資訊，作業系統也會以此為依據顯示各項資訊。在區域設定中，日期格式是較容易理解的例子。在台灣寫作「2019/11/25」的日期，在美國則是「Nov 25, 2019」。依區域有著不同設定，就稱為本地化。本地化具有各式變數，其中重要的則有 LANG 環境變數。環境變數如同第 5 章所學，是用於儲存系統整體設定的變數。只要結合這個變數，其他設定也會連帶變動。而代表中文的 LANG 變數值，就是「zh_TW.UTF-8」。

即使已設定好本地化，要正確顯示並輸入中文，還必須準備可以正確辨識字元編碼並顯示中文字的字型。本章將會介紹具代表性的例子。

雖然中文相關設定的確有很多部分必須確認，但受到 UTF-8 普及化的影響，平常使用上的難度已經大幅下降。只是學習時還是要確實理解，遇到問題才能臨危不亂喔！

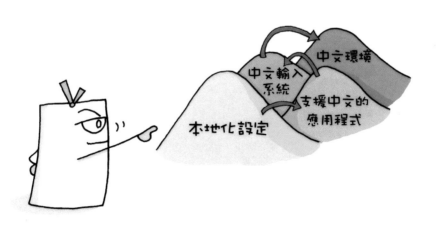

1 開始使用 Linux

2 基本的控制

3 掌握編輯器的運用

4 進一步運用 Linux

5 管理系統與使用者

6 開始使用 GUI

7 中文化環境

8 進階操作

9 附錄

字元編碼和語言環境

來看看字元編碼和語言環境的設定。

字元編碼是什麼？

要在電腦上處理文字與符號，必須給予每個字元與符號辨識用的數字，這就是**字元編碼**。最基本的字元編碼有 **ASCII 碼**，定義了半形英數字與符號等。

ASCII碼對照表

No	字元	No	字元	No	字元	No	字元
32		48	0	64	@	80	P
33	!	49	1	65	A	81	Q
34	"	50	2	66	B	82	R
35	#	51	3	67	C	83	S
36	Z	52	4	68	D	84	T
37	%	53	5	69	E	85	U
38	&	54	6	70	F	86	V

不同語言具備不同的字元編碼，而繁體中文使用的編碼主要以 Big-5 為主。其他還有在各語言之間相容的 **Unicode** 編碼。如果字元編碼沒有被正確地傳達給電腦，字元與符號就無法正確顯示。

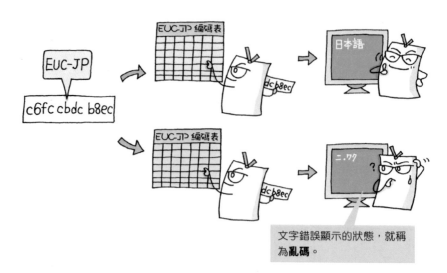

文字錯誤顯示的狀態，就稱為**亂碼**。

≫ Linux 的字元編碼

近年來在 Linux 系統中處理中文資料時所採用的標準字元編碼 UTF-8，是一種 Unicode（過去經常使用的是 EUC-TW）。支援日語的主要字元編碼如下。

支援中文的字元編碼	特點
Big5（大五碼）	在 Windows 中被採用為標準編碼。
EUC-TW（中文 EUC）	經常使用的場合主要有 UNIX 系統、網路。如同 EUC（Extended UNIX Code）這個名稱所示，它在 Unix 系統中被用於表示英文之外的語言。
UTF-8	Unicode 的一種，與 ASCII 編碼相容。
UTF-16	Unicode 的一種，與 ASCII 編碼並不相容。分為 BE（Big Endian）與 LE（Little Endian）兩種。而 Windows 中的 Unicode 指的則是 UTF-16 LE。

1
開始使用
Linux

2
基本的控制

3
掌握編輯器的
運用

4
進一步運用
Linux

5
管理系統與
使用者

6
開始使用
GUI

7
中文化環境

8
進階操作

9
附錄

本地化

瞭解 Linux 如何管理語言環境等區域資訊。

本地化

包含語言與貨幣等的區域資訊，就稱為**本地化**。本地化會影響殼層與應用程式的顯示與運作。

≫ 確認目前的本地化設定

使用 **locale** 指令，就可以確認現在的本地化設定。

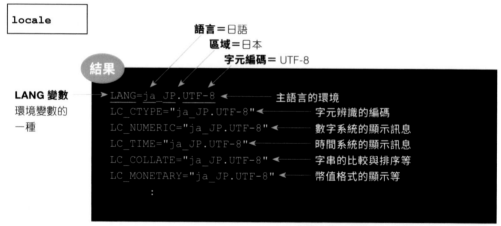

```
locale
```

語言＝日語
區域＝日本
字元編碼＝UTF-8

結果

LANG 變數
環境變數的
一種

```
LANG=ja_JP.UTF-8          主語言的環境
LC_CTYPE="ja_JP.UTF-8"    字元辨識的編碼
LC_NUMERIC="ja_JP.UTF-8"  數字系統的顯示訊息
LC_TIME="ja_JP.UTF-8"     時間系統的顯示訊息
LC_COLLATE="ja_JP.UTF-8"  字串的比較與排序等
LC_MONETARY="ja_JP.UTF-8" 幣值格式的顯示等
    :
```

※ 實際上語言的顯示方式會依應用程式有異。

≫ 本地化的設定

語言環境、區域、字元編碼都是統一透過 **LANG** 這個**環境變數**設定。設定 LANG 變數時，要使用 **export** 指令。

```
export LANG=zh_TW.UTF-8
```

語言

export
設定環境變數與
殼層變數值。

區域　字元編碼
　　　指定字元編碼。這裡所指
　　　定的是 UTF-8。

≫ 英語的本地化

英語的本地化設定依據不同國家與區域有所分別，可以依據需求選擇。

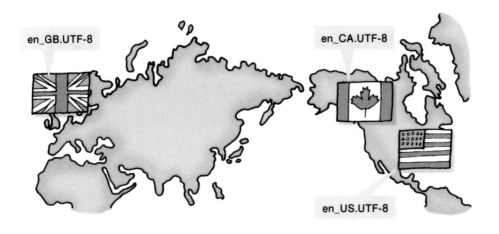

≫ LANG=C

如果只寫下「export LANG=C」，就相當於沒有指定區域，因此會使用電腦的原始語言設定。C 是 Common 的簡稱。

開始使用
Linux

基本的控制

掌握編輯器的
運用

進一步運用
Linux

管理系統與
使用者

開始使用
GUI

中文化環境

進階操作

附錄

中文顯示與輸入

輸出與輸入中文時會需要什麼？

顯示中文需要什麼？

即使在本地化設定完成後作業系統端已能支援中文，在顯示與輸入中文時，還是有幾個事項必須確認。

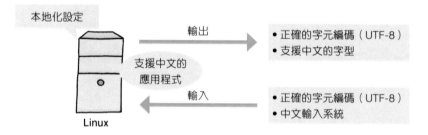

接下來，看看不同情境下要如何讓系統支援中文吧！

≫ 以遠端方式在 CUI 環境中使用

在 CUI 環境使用中文時，比起直接運用原本的 Linux 環境，透過 SSH 連線在別台 PC 上操作更為方便。被稱為 SSH 用戶的軟體中，具有指定字元編碼與字型的功能。

》 在桌面的 GUI 環境中使用

要在 GNOME 等桌面環境使用時，只要在設定 Linux 的時候選擇繁體中文即可。

GNOME 的例子

輸出

標準的字型
Noto Sans CJK TC 等

輸入

標準的中文輸入法
CentOS：新注音
Ubuntu：新酷音

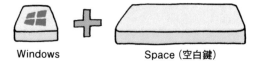

Windows

Space（空白鍵）

按下 [Windows] 鍵 +[Space]
鍵，就可以在一般輸入法與中
文輸入法之間切換。
切換為中文後就能使用 [半形 /
全形] 等按鍵。

1
開始使用
Linux

2
基本的控制

3
掌握編輯器的
運用

4
進一步運用
Linux

5
管理系統與
使用者

6
開始使用
GUI

7
中文化環境

8
進階操作

9
附錄

補充說明

～多位元組字元～

多位元組字元以全形文字為代表，意思是一個字元以兩個以上位元組的資料來表示。包含日本（Shift_JIS、EUC-JP、ISO-2022-JP 等）等東亞區域的字元編碼（EUC-KR、Big5、GB 2312 等）都屬於多位元組字元。

歐美的文字基本上都是以字母為主，使用的是半形英數字這種單一位元組的字元（也稱為單位元組字元）。我們在編寫程式碼與指令時使用半形英數字，就是因為電腦是起源於單位元組字元區域的緣故。而應用程式也多是針對這些區域開發，因此在中文的支援上多有延遲。因應的方式為集結有心使用者對應用程式進行修改，不過，最近的趨勢是以支援多位元組字元為前提來開發，便利性已大幅提升。

只不過，像是 EUC 等字元集也會依各國語言而有分別，如果語言等環境設定不正確，就會無法顯示，而且也無法同時顯示各國的語言。這時候就產生了能夠顯示各國文字的統一規格，那就是 UTF-8 與 UTF-16 等 **Unicode** 編碼。最開始的規格以能廣泛使用於各種語言為優先，導致各語言的字元數受到限制。之後 Unicode 開始擴張，可以支援的字元種類範圍更廣，包含漢字的異體字等。

8

進階操作

第 8 章
學習重點！

走出本地化環境

第 8 章將會介紹與其他伺服器通訊的方法。就像「學習 Linux 開始之前」所提到的，原本 Linux 是以透過網路讓伺服器和用戶通訊為前提的作業系統，不過漸漸普及到個人之後，單機使用的情況也逐漸增加。話雖如此，網路與雲端服務等透過網路的使用方式依然是主流。既然要學習 Linux，就體驗看看最能讓 Linux 發揮本領的網路使用方式吧！

這裡也將介紹兩種幾乎所有平台都採用為標準的通訊方式（**SSH、SFTP**）。並且會以 CUI 環境為前提來說明。

各種安裝方式

新**安裝**應用程式,以及初次使用周邊設備時都需要安裝程式與裝置的驅動程式。Linux 系統中有一種叫做**套件管理系統**(package management system)的機制,用於管理應用程式與裝置驅動程式的安裝與移除。本書除了介紹將安裝所需檔案打包(或壓縮),也就是所謂打包檔案格式的這種管理方法外,也會介紹使用 **rpm** 與 **dnf** 等指令來管理的系統。

接下來的說明會以在終端介面(console)操作指令的方式為主,不過有時候在桌面環境使用 GUI 管理工具會較為輕鬆。GUI 與 CUI 只是外觀不同,本質上是一樣的,不要執著於其中之一,可以依據不同的情境做選擇喔。

1
開始使用
Linux

2
基本的控制

3
掌握編輯器的
運用

4
進一步運用
Linux

5
管理系統與
使用者

6
開始使用
GUI

7
中文化環境

8
進階操作

9
附錄

透過 SSH 進行遠距操作

瞭解 SSH 這個以加密通訊連線至遠端的基本操作。

 什麼是 SSH？

要以網路連接至其他電腦進行遠端操作時，可以使用 **SSH**（Secure SHell）協定。其通訊經過加密，因此可以安全通訊。

SSH 伺服器
被遠端操作的一端。

SSH 用戶
操作端。

Linux 系統所使用的是
OpenSSH 這個免費軟體。

ssh 指令

使用 SSH 存取伺服器時會需要 **ssh** 指令。而退出伺服器則要輸入 exit。若是第一次存取伺服器，會需要確認對方是否為可信賴的對象。

```
ssh testman02@sample2.shoeisha.co.jp
```

使用者名稱　　　　　主機名稱

如果是以現在的使用者名稱登入，就只要輸入主機名稱。

結果

新發行的存取驗證用密碼金鑰

驗證失敗，無法存取主機的訊息

```
The authenticity of host '10.10.100.10' can't be established.◄
RSA key fingerprint is SHA256:v3w9otVxVsTWZ3zRkbZBw4bLs4l42keI1szpqcMZDZs◄
Are you sure you want to continue connecting (yes/no)? yes ◄ 確認存取（輸入 yes）
Warning: Permanently added '10.10.100.10' (RSA) to the list of known hosts. ◄
```

驗證金鑰將會登錄到列表的訊息。

之後就會進行密碼驗證。第二次之後就不會再顯示以上訊息。

結果

```
testman02@sample2.shoeisha.co.jp's password:            ◄
Last login: Wed Nov 20 12:57:17 2019 from 192.168.0.96◄
[testman02@sample2 ~]Z▇
```

輸入密碼
（不會顯示出來）

最後登入的日期時間，以及當時的用戶 IP 位址

1
開始使用 Linux

2
基本的控制

3
掌握編輯器的運用

4
進一步運用 Linux

5
管理系統與使用者

6
開始使用 GUI

7
中文化環境

8
進階操作

9
附錄

透過 SFTP 傳送檔案

介紹經常用於安全傳送檔案的 SFTP 之基本操作。

 ## SFTP 是什麼？

SFTP（SSH 檔案傳輸協定）是一種協定，用於安全傳送檔案到以 TCP/IP 協定所連接的其他電腦。

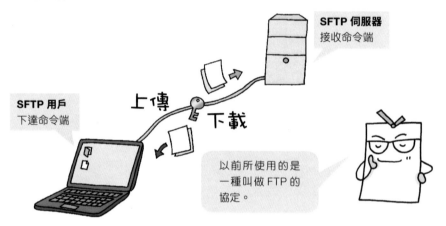

SFTP 伺服器
接收命令端

SFTP 用戶
下達命令端

上傳

下載

以前所使用的是一種叫做 FTP 的協定。

 ## 以 SFTP 存取

存取 SFTP 伺服器時，要使用 **sftp** 指令（退出時，則在提示字元處輸入 quit）。

```
sftp user-name@sample1.shoeisha.co.jp
```

使用者名稱　　　主機名稱

結果

輸入密碼（不會顯示出來）

```
user-name@sample1.shoeisha.co.jp's password:
Connected to user-name@sample1.shoeisha.co.jp.
sftp>
```

成功登入

SFTP 的提示字元：從這裡輸入 SFTP 相關指令

≫ SFTP 的操作

存取後使用 FTP 專用的指令傳送與刪除檔案。下載時使用 **get** 指令，上傳時則使用 **put** 指令。來看看執行的例子吧！

```
sftp> ls ◄────────── 以 ls 指令確認伺服器上的檔案
README          diary.txt       sample.sh
sftp> get diary.txt ◄────── 以 get 指令下載伺服器上的檔案
Fetching /home/user-name/diary.txt to diary.txt
/home/user-name/diary.txt     100%   300    18.2KB/s    00:00 ◄
sftp> put diary2.txt ◄──── 以 put 指令上傳檔案到伺服器
Uploading diary2.txt to /home/user-name/diary2.txt          會顯示檔案大小與
diary2.txt                    100%   328    58.6KB/s    00:00   進度
sftp> mkdir new_dir ◄────── 也可以使用 mkdir 指令建立目錄
sftp> cd new_dir ◄────── 以 cd 指令變換目錄
```

下載位置通常是存取 SFTP 時的所在目錄（可以變更）。

1 開始使用 Linux

2 基本的控制

3 掌握編輯器的運用

4 進一步運用 Linux

5 管理系統與使用者

6 開始使用 GUI

7 中文化環境

8 進階操作

9 附錄

導入應用程式

介紹取得、安裝應用程式時最簡單的方式。

 ## 從取得應用程式到安裝的準備

店家很少販售 Linux 專用的應用程式。有些產品可以透過專門的廠商取得,其他產品則是以在網路公開等方式散布。

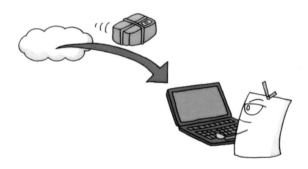

如果是開源軟體,則經常會以副檔名為 .tar.gz(請參考 20 頁)等打包檔案格式來散布,檔案中會包含軟體本身與安裝指引等。此外,命名檔名時也具有一定規則。

sample-1.0.1a-1.tar.gz

程式名或是套件名稱　　**版本**　　**發行次數**　　**副檔名**
(請參考 144 頁)

» **準備的流程**

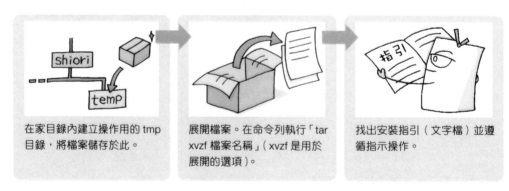

在家目錄內建立操作用的 tmp 目錄,將檔案儲存於此。

展開檔案。在命令列執行「tar xvzf 檔案名稱」(xvzf 是用於展開的選項)。

找出安裝指引(文字檔)並遵循指示操作。

🔒 安裝

散布的檔案如果是**二進制**檔案,則可以複製到指定場所,或是透過簡單設定就能使用。為了建立能因應不同環境的二進制檔案,有可能會以原始碼的形式散布。這時候就需要進行**編譯**。

≫ 編譯

編譯的目的是將原始碼轉換為可執行的二進制檔案。以下將介紹一般編譯流程(詳細內容請參考安裝指引等文件)。

① 建立 Makefile

Makefile 檔案記錄了編譯的流程與設定,編譯則是依據其檔案內容執行。沒有 Makefile 時,就在展開檔案後的目錄執行偵測程式 **configure** 後建立。如果 Makefile 已經存在,就前往第②步。

configure 的路徑並未被定義,因此必須以相對路徑指定。

② 執行編譯

編譯時要使用 **make** 指令。在與①相同的目錄中執行指令後,就會依照 Makefile 的設定產生執行檔。

```
make
```

≫ 安裝

安裝編譯後的檔案時,要在 **make** 指令後方加上 **install** 並執行。安裝作業有時會需要具備管理員的權限。

```
make install
```

1 開始使用 Linux

2 基本的控制

3 掌握編輯器的運用

4 進一步運用 Linux

5 管理系統與使用者

6 開始使用 GUI

7 中文化環境

8 進階操作

9 附錄

套件管理系統

介紹套件管理系統。

套件管理系統是？

套件管理系統會使用**套件檔案**來管理安裝到移除等程序，而套件檔案彙整了安裝時需要的檔案。例如 CentOS 8 所採用的 **RPM** 格式、Ubuntu 所採用的 **deb** 格式，其他還有 **tgz** 格式等。

使用管理系統就能統一管理安裝的狀態。

不同發行版的系統也可能不同。

如不使用管理系統，就需要自己管理安裝的狀態。

相依屬性

舉例來說，假設執行某個應用程式（A）的指令時，會需要另一個應用程式（B）所具備的檔案。這個時候我們說「B 是 A 的相依屬性程式」。

套件管理系統也會根據相依屬性來管理。

🔒 RPM

RPM（Redhat Package Manager）是可以在許多發行版中使用的套件管理系統。除了安裝與移除之外，它管理的內容還包含升級。操作時要使用 **rpm** 指令。

從名稱也可以看出，RPM 原本是 Red Hat Linux 專用的。

≫ 安裝（升級）與移除

安裝與升級的執行方式如下。

```
rpm -ivh sample-1.0.1a-1.rpm
```

選項　**套件的檔案名稱**

- ivh…新安裝（vh 是詳細顯示執行狀況等資訊的選項）
- Uvh…強制升級為最新版本（未導入的則是新安裝）
- Fvh…只更新已安裝完成的套件

也可以在 GUI 環境執行安裝喔！

移除的方法如下。

```
rpm -e sample
```

選項　**套件名稱**
-e…移除　（檔名的套件名稱部分）

≫ 確認安裝狀態

用以下方法可以查詢 RPM 格式的已安裝套件檔案。

```
rpm -qa | grep sample
```

選項　**從查詢結果中尋找**
qa…列出（q）所有安裝　**sample 字串**
　　完成的套件（a）

1 開始使用 Linux
2 基本的控制
3 掌握編輯器的運用
4 進一步運用 Linux
5 管理系統與使用者
6 開始使用 GUI
7 中文化環境
8 進階操作
9 附錄

使用 dnf 更新

介紹 CentOS 8 中採用 dnf 套件管理系統執行更新（Update）的方法。

 dnf 是什麼？

dnf（Dandified Yum）是經由網路搜尋 RPM 專用的套件檔案更新資訊，必要時予以更新的系統。

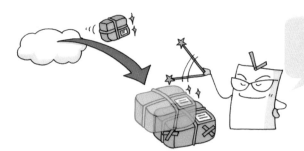

> 也要查詢具相依屬性的套件並統一安裝。

 dnf 指令

使用 dnf 系統時，要使用 **dnf** 指令。

≫ 確認更新資訊

確認更新資訊時，要使用 **check-update** 選項。

```
dnf check-update
```

```
    :
sample02.i386                 1.1.0          updates-released
sample03.i386                 0.1.3          updates-released
套件名稱    CPU 的系統          版本          有無更新版本
                                             （released= 已發布）
```

≫ 更新

更新時要使用 **update** 選項。

```
dnf update sample02 sample03
```

套件名稱
指定多個套件名稱時，可以使用半形空格區隔。
如不指定，則更新對象會包含所有可更新的套件。

```
    :
Updating:
 sample02              i386      1.1.0          updates-released   256 k
 sample03              i386      0.1.3          updates-released   128 k
    :
Total download size: 384 k ◄────── 檔案大小合計
Is this ok [y/N]: y◄────── 確認是否要以此內容執行
    :
```

檔案大小

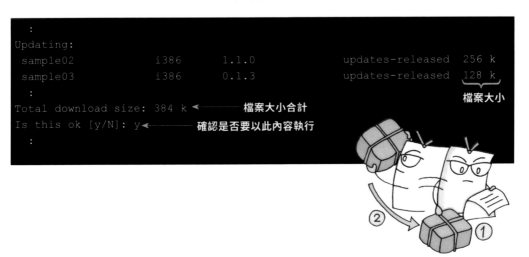

≫ 安裝與移除

安裝時使用 **install** 選項。

```
dnf install sample03
```

套件名稱
指定多個套件名稱時，要以半形空格區隔。

移除時要使用 **remove** 選項。此時會顯示確認訊息，詢問是否同時移除具有相依屬性的套件。

```
dnf remove sample03
```

套件名稱
指定多個套件名稱時，要以半形空格區隔。

---

memo

Yum（Yellow dog Updater, Modified）

yum 指令是 dnf 的前身。dnf 在保持與 yum 相容性的同時，也提升了穩定性與速度。yum 指令的操作與 dnf 幾乎相同。

1 開始使用 Linux

2 基本的控制

3 掌握編輯器的運用

4 進一步運用 Linux

5 管理系統與使用者

6 開始使用 GUI

7 中文化環境

8 進階操作

9 附錄

日誌管理

瞭解系統的管理記錄。

系統的日誌

顯示正常運作，以及發生錯誤、問題的資訊，就會被作為**日誌**（記錄）記錄在**日誌檔**中。當出現軟體並未正常運作等故障情形時，就可以確認日誌並找出原因。

日誌檔可能是文字檔，也可能是二進制。

日誌

日誌檔的種類

日誌檔會儲存於 /var/log 等目錄之中（有時位置會不同）。至於主要的日誌檔則會以 /etc/system.conf 來定義儲存位置與記錄的內容。

Linux 中具代表性的日誌檔（以 CentOS 8 為例）

日誌檔	用途
/var/log/boot.log	核心啟動時的記錄
/var/log/cron	cron 的處理相關記錄
/var/log/lastlog	上一次登入的記錄
/var/log/messages	系統整體的記錄
/var/log/secure	驗證相關記錄
/var/log/wtmp	登入記錄

日誌檔的定期管理

logrotate 是將逐漸變大的日誌檔定期備份的程式。

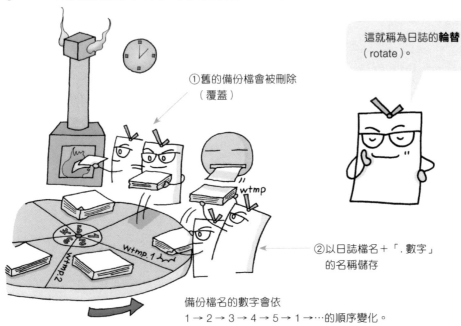

這就稱為日誌的**輪替**
（rotate）。

①舊的備份檔會被刪除
（覆蓋）

②以日誌檔名＋「. 數字」
的名稱儲存

備份檔名的數字會依
1 → 2 → 3 → 4 → 5 → 1 →…的順序變化。

可以透過 /etc/logrotate.conf 檔案設定備份的時機與保留的檔案數量等。

/etc/logrotate.conf 的例子（截取部分）

```
     :
/var/log/wtmp {              ◄─── 日誌檔名
  monthly ◄                       每個月備份
  create 0664 root utmp ◄         建立檔案，權限 664，所屬使用者帳號
                                   為 root，所屬群組則是 utmp
  rotate 5 ◄                      最多保留 5 個
}
     :
```

/etc/logrotate.d 目錄中
也會有各日誌檔的個別
設定檔。

1 開始使用 Linux

2 基本的控制

3 掌握編輯器的運用

4 進一步運用 Linux

5 管理系統與使用者

6 開始使用 GUI

7 中文化環境

8 進階操作

9 附錄

～ VNC ～

VNC（Virtual Network Computing）是遠端操作電腦桌面環境時使用的協定或軟體。雖然已經有 SSH 可以作為遠端操作協定，不過 SSH 協定下登入後會在 CUI 環境進行操作。相較於此，VNC 的特色則是可以直接使用存取電腦的 GUI 環境。由於可以使用桌面環境，因此比起 SSH 可以進行更細部的操作。

從 Windows10 存取 Ubuntu VNC 伺服器的畫面

使用 VNC 操作的一端稱為 **VNC 用戶**，被操作的一端則稱為 **VNC 伺服器**。伺服器與用戶的作業系統即使不同也無妨。由於 VNC 屬於開放原始碼，每個人都能自由運用，因此在 Windows 和 Linux 等各式作業系統中都持續受到開發。另外也有智慧型手機專用的 VNC 用戶，現在從智慧型手機也可以使用電腦的 VNC 伺服器。

如果使用 VNC，基本上只要連接網路就能從任何地方存取。不過也會發生一些狀況，像是低速線路環境中的使用速度受影響，或是某些環境中 VNC 其實是被禁止使用的。

安裝虛擬環境

要在 Windows 上讓 Linux 運作時，虛擬環境非常方便。這裡
將以 Oracle VM VirtualBox 的安裝為例。

🔓 下載安裝程式

連上官方網站（https://www.virtualbox.org/），點
擊左側欄位的 [Downloads] 連結，從最新的
[Windows hosts] 下載安裝程式。

🔓 啟動安裝程式

執行下載的檔案後，安裝程式將會啟動，此時按
下 [下一步] 按鈕。

🔓 選擇組成與安裝位置

接下來會顯示安裝組成與安裝位置的選擇畫面，
直接按下 [下一步] 按鈕即可。

接下來顯示的 [自訂安裝] 畫面也可以直接點擊 [下一步] 按鈕。

1 開始使用 Linux

2 基本的控制

3 掌握編輯器的運用

4 進一步運用 Linux

5 管理系統與使用者

6 開始使用 GUI

7 中文化環境

8 進階操作

9 附錄

🔓 與網路介面相關的提醒畫面

安裝過程中網路存取會被重設並暫時中斷，這時會顯示提醒畫面。按下 [是]，前往下一步。

🔓 安裝

出現「準備好安裝」的畫面後，按下 [安裝] 按鈕開始安裝。
途中若是出現確認是否安裝 USB 驅動程式的畫面，請按下 [安裝] 按鈕。

安裝結束後，點擊 [完成] 按鈕，啟動 Oracle VM Virtualbox 管理員。

新增虛擬機器

按下 Oracle VM VirtualBox 管理員啟動畫面中的 [新增] 按鈕，來新增虛擬機器。

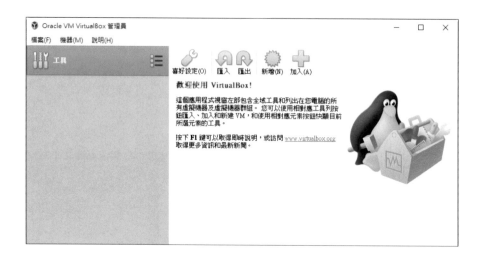

在「建立虛擬機器」的畫面中，於 [名稱] 欄位輸入「CentOS」或「Ubuntu」等內容，就會依據該發行版進行設定。在 [機器資料夾] 也設定完成後，按下 [下一步]。

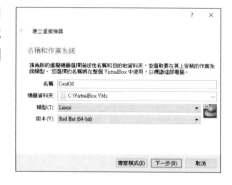

記憶體容量請選擇比顯示值更大的數值（約 4000MB 較佳）。選擇完成後點擊 [下一步]。

接下來會出現詢問虛擬硬碟相關問題的畫面，選擇
[立即建立虛擬硬碟] 後，按下 [建立] 按鈕。並在接
下來顯示的畫面中，進行下列設定：

- 硬碟檔類型：[VDI]
- 動態分配／固定大小：[動態分配]
- 檔案位置和大小：任意位置、大小

最後按下 [建立]，就會建立虛擬機器。

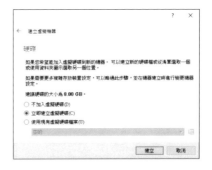

1
開始使用
Linux

2
基本的控制

3
掌握編輯器的
運用

4
進一步運用
Linux

5
管理系統與
使用者

6
開始使用
GUI

7
中文化環境

8
進階操作

9
附錄

啟動虛擬機器

在 Oracle VM VirtualBox 管理員的啟動畫面中，會顯示已建立的虛擬機器。選擇虛擬
機器並按下 [啟動] 按鈕，虛擬機器就會啟動。

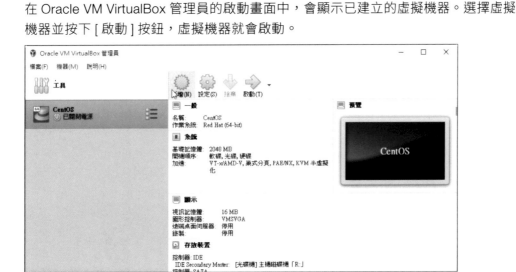

由於虛擬機器尚未安裝作業系統，因此要在顯示
的 [選取啟動磁碟] 畫面中，按下右下方的資料夾
圖示，選擇用於安裝作業系統的 iso 映像檔（156
頁與 164 頁會再做說明），之後按下 [啟動] 按鈕。

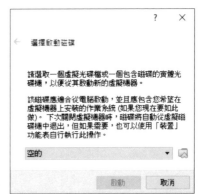

安裝 CentOS 8

介紹 CentOS 8 的安裝重點。

 ## 下載 iso 映像檔

連上官方網站（https://www.centos.org/），點擊上方的 [Download]。

點擊顯示畫面中的 [x86_64]（畫面中游標所指的位置）。

CentOS Linux

8 (2004)	7 (2003)	6.10

ISO	Packages	Others
x86_64	RPMs	Cloud | Containers | Vagrant
ARM64 (aarch64)	RPMs	Cloud | Containers | Vagrant
IBM Power (ppc64le)	RPMs	Cloud | Containers | Vagrant

會顯示相當多的下載連結，任意點選其中一個即可。點擊後就會開始下載 ISO 映像檔。

準備 DVD 安裝媒介

安裝到電腦等實體機器時,需要預先燒錄 DVD-R 等安裝媒介。請參考所使用的 DVD
燒錄應用程式指引,製作安裝用的媒材。

若是虛擬機器,就不
需要準備安裝媒介。

1

開始使用
Linux

2

基本的控制

3

掌握編輯器的
運用

開始安裝

若是安裝於實體機器,要先將安裝媒介放入光碟機中,而虛擬機器則是要選擇 iso 檔
案作為啟動光碟,以啟動機器。安裝方式的選擇畫面出來後,先按下 [I] 鍵,再按下
[Enter] 鍵,就會開始安裝。

4

進一步運用
Linux

5

管理系統與
使用者

6

開始使用
GUI

7

中文化環境

8

進階操作

9

附錄

```
                    CentOS Linux 8.0.1905


      Install CentOS Linux 8.0.1905
      Test this media & install CentOS Linux 8.0.1905

      Troubleshooting                                    >


      Press Tab for full configuration options on menu items.




                 Automatic boot in 53 seconds...
```

選擇語言

出現選擇語言的畫面後，選擇 [繁
體中文 (台灣)]，並按 [繼續]。

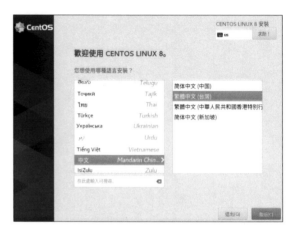

 ## 設定安裝目的地的磁碟

顯示「安裝摘要」後，按下 [安裝目的地] 的按鈕。

虛擬環境有時會發生畫
面尺寸不合，按鈕部分
跑到視窗外的情況，不
過這並不會造成問題。

確認安裝目的地的儲存裝置已勾選。

確認已勾選 [其他儲存選項] 底下的 [自動配置分頁] 與 [我想要取得對額外的可用空
間] 後，點擊左上角的 [完成] 按鈕，再點擊 [摘要] 畫面中的 [開始安裝]。

安裝過程中要做的事

由於安裝相當耗時，可以先按下所顯示的按鈕，設定 root 密碼與建立用戶。

» 設定 root 密碼

輸入 root 密碼，按下 [完成] 按鈕。

» 建立用戶

相同的，輸入使用者名稱、密碼等資訊，勾選 [讓此使用者成為管理員] 之後，按下 [完成]。

» 安裝完成

安裝完成後會出現 [重新開機] 的按鈕，點下按鈕後將重新啟動。這個時候請先把用來安裝的 DVD 光碟取出。如果是 VirtualBox，則要從虛擬機器的視窗選單選擇 [裝置] → [光碟機] → [從虛擬磁碟機中移除磁碟] 後重新啟動。

1
開始使用
Linux

2
基本的控制

3
掌握編輯器的
運用

4
進一步運用
Linux

5
管理系統與
使用者

6
開始使用
GUI

7
中文化環境

8
進階操作

9
附錄

 **授權**

重新啟動之後，點擊所顯示的 [License Information]
按鈕。

LICENSING

License Information
未同意授權條款

確認授權後如無問題，就勾選 [同意授權]，再點擊 [完成]。最後按下 [設定完成]，
CentOS 就會啟動。

 關閉／開啟 GUI

≫ 關閉 GUI
啟動之後會呈現 GUI 的畫面。如果要關閉 GUI，可以從 [概覽] 的選單啟動裝置，並
輸入以下指令。

```
sudo systemctl disable gdm
```

將虛擬機器的電源關閉後再次啟動，就會啟動命令列。

≫ 開啟 GUI
要開啟 GUI，就要登入終端介面並輸入以下指令。

```
sudo systemctl enable gdm
```

使用以下指令再次啟動後，就會開啟 GUI。

```
sudo reboot
```

將 CentOS 設定為可輸入中文

說明系統中沒有中文輸入法時要如何導入。

1 開始使用 Linux

2 基本的控制

3 掌握編輯器的運用

4 進一步運用 Linux

5 管理系統與使用者

6 開始使用 GUI

7 中文化環境

8 進階操作

9 附錄

在 CentOS 8 輸入中文時，可以按下 [Windows] + [Space] 鍵切換輸入法，不過若是系統中沒有中文輸入法，則可能無法切換。

接下來將說明這種情況下如何安裝中文輸入法。

下載與安裝中文輸入法

從應用程式的一覽表選擇 [軟體]。

在搜尋欄中輸入 [ibus-table]。點下所顯示的 [ibus-Table]。

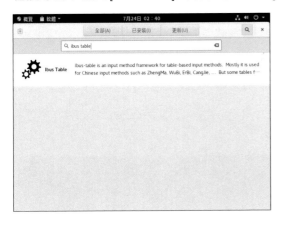

按下安裝鈕執行安裝。

過程中系統會要求輸入管理員的密碼，請輸入。

完成上述安裝後，再次開啟 [軟體]，在搜尋欄輸入 [zhuyin]，點下後選擇 [安裝]。

完成上述兩項安裝後，請務必重新啟動作業系統。

新增中文輸入法

從 [設定] 中選擇 [地區和語言]（Regeon & Language）。

按下輸入來源的 [＋] 鈕，啟動加入輸入來源的畫面。

選擇漢語 (臺灣)，選取「漢語 (新注音)」，再按下 [加入]。這樣一來，按下 [Windows] ＋ [Space] 按鈕時就可以切換中文輸入法了。

安裝 Ubuntu

介紹 Ubuntu 的安裝重點。

下載 iso 映像檔

連上官方網站（https://www.ubuntu-tw.org/），點擊 [下載]，選取想要下載的版本（以下以 20.04 LTS 為例說明）。

安裝

下載完成後，和 CentOS 一樣要準備需要的安裝媒介，並開始安裝。

》選擇中文

選擇中文（繁體），再按下 [安裝 Ubuntu] 按鈕。

鍵盤配置應該已經選取中文，因此請按下 [繼續]。

》選擇安裝的應用程式

維持預設的選項就可以。按下 [繼續]。

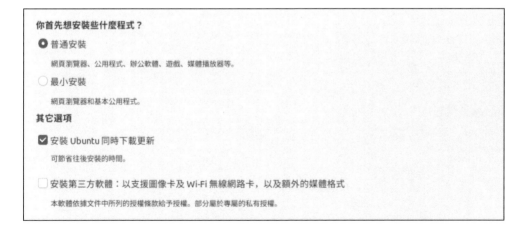

1　開始使用 Linux

2　基本的控制

3　掌握編輯器的運用

4　進一步運用 Linux

5　管理系統與使用者

6　開始使用 GUI

7　中文化環境

8　進階操作

9　附錄

≫ 設定磁碟

原本已選取的項目無須更動，按下 [安裝]。

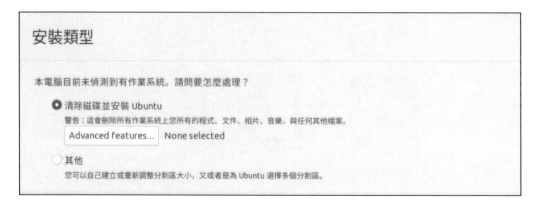

出現確認的對話框後，請按下 [繼續]。

≫ 新增使用者

輸入使用者名稱與密碼，按下 [繼續]。

≫ 選擇國家、地區

顯示選擇國家和地區的畫面後，選擇 [Taipei]，並點擊 [繼續] 鈕。

安裝完成

安裝完成後，點擊 [立刻重新啟動]。重新啟動後會顯示確認畫面，確認是否已經取出安裝的媒介，這時要按下 [Enter] 鍵。

1
開始使用
Linux

2
基本的控制

關閉／開啟 GUI

≫ 關閉 GUI
啟動之後會呈現 GUI 畫面。如果要關閉 GUI，可以從 [概覽] 的選單啟動裝置，輸入以下指令。

```
sudo systemctl set-default multi-user.target
```

再次啟動，就會啟動命令列。

≫ 開啟 GUI
要開啟 GUI，就要登入終端介面並輸入以下指令。

```
sudo systemctl set-defalt graphical.target
```

使用以下指令再次啟動後，就會開啟 GUI。

```
sudo reboot
```

3
掌握編輯器的
運用

4
進一步運用
Linux

5
管理系統與
使用者

6
開始使用
GUI

7
中文化環境

8
進階操作

9
附錄

掛載光碟機

介紹 Linux 檔案系統中重要的掛載處理。

什麼是掛載？

掛載是為了能使用硬碟、CD-ROM（DVD-ROM）、軟碟等周邊裝置的機制。在 Linux 系統中，光碟機並不是獨立的，全都被視為掛載（mount）到根目錄的目錄。

> 光碟機沒有經過掛載就無法使用。

mount 指令

掛載時要使用 **mount** 指令。必須依據需求指定掛載裝置的**檔案系統類型**、**裝置檔**（磁碟機），以及**掛載點**（掛載到哪個目錄）。這個指令原則上只有管理員可以使用。

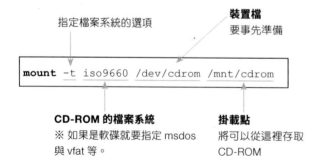

掛載點必須事先建立。以上面的例子來說，/mnt/cdrom 這個目錄必須要是存在的。

實際來掛載看看吧！

```
[root@localhost /]# mount -t iso9660 /dev/cdrom /mnt/cdrom
mount: block device /dev/cdrom is write-protected, mounting read-only
[root@localhost /]# ls /mnt/cdrom         確認是否完成掛載         掛載
Program        README        autorun
```

在這個例子中，會顯示「無法寫入至 CD-ROM 裝置中，將以唯讀（read-only）方式存取」的訊息。接著若是可以使用 ls 指令查詢內容，就能確定已經順利掛載。

umount 指令

取消掛載的動作，就稱為**卸載**。接著來看卸載用的 **umount** 指令吧！像 CD-ROM 這樣的可移除式媒體，為了避免使用中移除而產生問題，應該要先執行卸載動作後再行取出。

```
umount /mnt/cdrom
```

掛載點
指定希望卸載的掛載點。也可以指
定裝置檔（/dev/cdrom）

```
[root@localhost /]# umount /mnt/cdrom         卸載
[root@localhost /]# ls /mnt/cdrom         確認是否完成卸載
[root@localhost /]#
```

若無法以 ls 指令查詢內容，就可以確定已經卸載。此外，卸載只能在該目錄未被使用的狀態下執行。如果有程序正在使用目錄的內容，就無法卸載。

》在 GUI 環境中
在 GUI 環境中可以使用滑鼠進行掛載、卸載的操作。有時將媒體放入硬碟後系統就會自動識別，不過請務必記得掛載與卸載是 Linux 系統的基本操作。

1 開始使用 Linux

2 基本的控制

3 掌握編輯器的運用

4 進一步運用 Linux

5 管理系統與使用者

6 開始使用 GUI

7 中文化環境

8 進階操作

9 附錄

主要檔案格式

在 UNIX 系統使用的主要檔案格式。

> **BMP 格式（.bmp）…二進制格式**

一般的點陣圖檔案。

> **Comma-Separated Values 格式（.csv）…文字格式**

逗號分隔值是以「,」（逗號）等分隔字元區隔欄位，以一行表示一筆記錄的資料檔。

> **DAT 格式（.dat）…文字格式**

用於儲存資料的檔案。

> **Document 格式（.doc）…文字格式**

用於儲存文件的檔案。Microsoft Word 的檔案也使用同樣的副檔名，這種格式是含有文章格式的二進制資料。

> **EPS 格式（.eps）…文字或二進制格式**

是 PostScript 的圖檔格式。

> **GZip 格式（.gz）…二進制格式**

是 GNU Zip 的壓縮檔。在命令列中輸入「gzip -d sample.gz」後可以展開。

> **JPEG 格式（.jpg/.jpeg）…二進制格式**

不可逆的壓縮圖檔格式。

> **JavaScript Object Notation（.json）…文字格式**

對人來說容易閱讀及書寫，且電腦也能容易理解的資料格式。

> **LOG 格式（.log）…文字格式**

用於儲存日誌的檔案。

≫ MPEG-1 Audio Layer-3 格式（.mp3）…二進制格式
是不可逆的壓縮音檔。

≫ MPEG-4 Part14 格式（.mp4）…二進制格式
用於記錄各種聲音及影像的檔案。

≫ MPEG 格式（.mpg/.mpeg）…二進制格式
是不可逆的壓縮影像檔。

≫ PDF 格式（.pdf）…二進制格式
Adobe Acrobat 的文件檔案。

≫ Portable Network Graphics 格式（.png）…二進制格式
是圖檔格式。

≫ PostScript 格式（.ps）…文字或二進制格式
PostScript 的文件檔案。

≫ Scalable Vector Graphics 格式（.svg）…文字格式
是向量格式的圖檔。

≫ Shell 格式（.sh）…文字格式
Shell Script 檔案。

≫ TAR 格式（.tar）…二進制格式
是 TAR 的打包檔案。在命令列輸入「tar xvf sample.tar」之後就能展開。也可以加上選項（z）使用 gzip 的功能，這種情況下副檔名會是 .tar.gz（請參考 20 頁）。

≫ Z 格式（.z）…二進制格式
是 compress 指令的壓縮檔。在命令列中輸入「uncompress sample.z」就可以展開。

為了讓其他作業系統辨識檔案，一定要加上副檔名喔！

1
開始使用 Linux

2
基本的控制

3
掌握編輯器的運用

4
進一步運用 Linux

5
管理系統與使用者

6
開始使用 GUI

7
中文化環境

8
進階操作

9
附錄

主要發行版

介紹發行版的取得。

Red Hat 系統

衍伸自 Red Hat 的主要發行版。

» Red Hat Enterprise Linux

是這個系統中的原始派別。以前是免費散布的 Red Hat Linux，不過在 Red Hat Linux 9 之後，就變成 Red Hat Enterprise Linux，並且只以收費方式散布。

```
https://www.redhat.com/ja/global/japan
```

» CentOS

是與 Red Hat Enterprise Linux 具相容性的免費發行版。Red Hat 公司也支援了它的開發。

```
https://www.centos.org/
```

也被各式各樣的雲端服務所採用

» Fedora

在 Red Hat Linux 9 之後，Fedora 作為免費散布的發行版而誕生。

```
https://getfedora.org/ja/
```

Fedora 每半年更新一次

» Scientific Linux

從 Red Hat Enterprise Linux 所衍伸的發行版之一。是由美國費米國家加速器實驗室所開發。

```
https://www.scientificlinux.org/
```

Debian 系統

是衍伸自 SLS Linux（在 Linux 系統中，是第一次將安裝環境以套件方式提供的發行版）的系統。

» Ubuntu
現在最廣受使用的發行版之一。每六個月會更新，不過也有長期支援（LTS）版本，會提供 5 年期間的安全性更新。

```
https://www.ubuntu-tw.org/
```

» Debian GNU/Linux
是免費散布的發行版。以使用 deb 這個自有套件進行管理而聞名，是 Ubuntu 等多個衍伸發行版的源頭。

```
https://www.debian.org/
```

» Raspbian
以 Debian 為基礎，是專為 Raspberry Pi 這種小型電腦而打造的發行版。

```
https://www.raspberrypi.org/downloads/raspbian/
```

Raspberry Pi 在 IoT 領域很受歡迎喔！

 # 其他

» openSUSE
由德國所開發的免費發行版，使用的是商用版 SUSE Linux Enterprise 的原始碼。

```
https://www.opensuse.org/
```

 1 開始使用 Linux

 2 基本的控制

 3 掌握編輯器的運用

 4 進一步運用 Linux

 5 管理系統與使用者

 6 開始使用 GUI

7 中文化環境

8 進階操作

 9 附錄

BSD 系統（開源作業系統 Unix）

接下來還要介紹 BSD（Barkeley Software Distribution）系統，它雖然不是 Linux 系統，不過卻是為 Linux 帶來影響的 Unix 作業系統之一。BSD Unix 開源作業系統如下。

≫ FreeBSD
是 BSD Unix 系統中，最廣受一般使用者熟知的作業系統。也經常被應用為 Web 伺服器。

```
https://www.freebsd.org/
```

≫ NetBSD
具高度移植性，是以支援眾多硬體為目標而開發的作業系統。對於新功能的採用也相當積極。

```
http://www.netbsd.org/
```

≫ OpenBSD
由 NetBSD 的部分開發成員所開發。強調高安全性。

```
https://www.openbsd.org/
```

≫ Darwin
蘋果公司所開發的 BSD Unix 作業系統，是 mac OS 與 iOS 的基礎。

```
https://opensource.apple.com/
```

由 Linux 所衍伸的作業系統

有各式各樣的作業系統都是從 Linux 衍伸出來的。

≫ Android

是由 Google 公司所開發的作業系統。透過智慧型手機與平板操作，是擁有世界第一市佔率的行動作業系統。

通常會由各裝置的製造商進行客製化，不過由於標準的 Android 是開源軟體，因此可以取得它的原始碼。

```
https://www.android.com/
https://android.googlesource.com/
```

活躍用戶數高達數十億人。

1

開始使用
Linux

2

基本的控制

3

掌握編輯器的
運用

4

進一步運用
Linux

5

管理系統與
使用者

6

開始使用
GUI

7

中文化環境

8

進階操作

9

附錄

正規表示法

介紹在 grep 等指令中所使用的正規表示法基本概念以及元字符。

什麼是正規表示法？

正規表示法是一項規則，用於以一個抽象的形式代表多個字串。經常和搜尋與取代等指令一起使用。它就像是第二章所介紹的萬用字元一樣，可藉由抽象的字元表示指定字串，以提升搜尋的正確性。

原本使用於 UNIX 系統中，如今使用範圍更為廣泛。

找出共通的規則

使用正規表示法時，首先要找出多個字串間的共通規則。舉例來說，在包含本書的一系列圖解書籍中，每一本的書名都是「圖解○○」，因此「圖解」的部分是共通的。也就是說，在圖書館等資料庫搜尋時只要搜尋標題開頭是「圖解」的書籍就可以。這種在多筆字串中具備共同規則的標記，就稱為**模式**（pattern）。

搜尋是否與模式一致，就稱為**模式比對**。

元字符

在正規表示法中，會組合**元字符**（metacharacter），也就是含有特殊意義的字元來表示字串。接下來將簡單介紹主要的元字符。

元字符	意思	寫法範例	符合字串
			不符合的字串
.	表示任一字元	Vitamin .	Vitamin A Vitamin B6、 Vitamine
[]	表示 [] 內的任一字元。連續的字串則能以 - 替代。	PC[12345]、 PC[1-5] （是相同意思）	PC1、PC2、PC3、 PC4、PC5 PC6、PC7
*	前 1 字元重複 0 次以上。沒有字串的空白也算。	1a*2	12、1a2、1aa2 1、1a
+	前 1 字元重複 1 次以上。	b+	b、bb、bbbbbbb bc
?	前 1 字元重複 0 或 1 次。	100?	100、1000 101、109
\\{n\\}	前面字元重複 n 次的字串（n 為 255 以下）。	[0-9]\\{5\\}	12345 123
A\\{n,m\\}	A 重複 n 次以上，m 次以下（m 可省略）的字串（n 與 m 為 255 以下）。	[a-z]\\{1,5\\}	abcde abcdefg
A|B	A 或 B 字串（也可指定兩個以上的字串）。	chibi|sham	chibi 或是 sham 上述以外的字串
^	表示開頭的字元。	^abc	abcd、abc321 aabc、sabc
$	表示尾端的字元。	xyz$	123xyz xyz999
[^]	表示不符合 [] 內任一字的字元。	[^0-9]	a、z 1、9
()	將字串群組化。	(abc)+d	abcd、abcabcd abccd

≫ 將元字符作為字元使用

單純想將元字符當作一般字元使用時，可以使用反斜線。

1 開始使用 Linux

2 基本的控制

3 掌握編輯器的運用

4 進一步運用 Linux

5 管理系統與使用者

6 開始使用 GUI

7 中文化環境

8 進階操作

9 附錄

其他主題

對於正文中並未提及的項目進行補充。

 ## 關於權限

如同第 4 章所介紹，檔案與目錄可以個別設定權限。假設檔案具備所有權限，但是當目錄權限有所變化時，檔案會受到什麼影響呢？

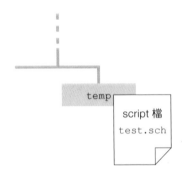

test.sh　temp	沒有讀取權限	沒有寫入權限	沒有執行權限
讀取	可	可	不可
寫入	可	可	不可
執行	可	可	不可

請記得對目錄沒有執行權限時，也會失去對其中檔案的所有權限。

🔓 惡魔寄來的信件？

使用郵件時，有時會收到寄件者名稱為「**MAILER-DAEMON…**」的信件。大部分的情況下都是發生寄件相關的錯誤，才會收到郵件伺服器寄來的通知，不過突然收到這樣的信件，有些人或許會誤以為真的有 DAEMON 這號人物。

在第 5 章的專欄中也曾稍微提及，DAEMON 指的是系統服務。由於信件是郵件伺服器的程式自動寄出，寄件者名稱才會顯示為 DAEMON。也因此回信給 DAEMON 並沒有意義。這封信件只是要通知有錯誤發生，只要細讀信件內容並思考解決方法就可以。

1
開始使用
Linux

2
基本的控制

3
掌握編輯器的運用

4
進一步運用
Linux

5
管理系統與使用者

6
開始使用
GUI

7
中文化環境

8
進階操作

9
附錄

Linux 的主要指令

彙整本書所介紹的指令選項。

指令名稱與功用	格式	選項	選項的說明
alias ●建立別名	alias 選項　名稱 [= 值]…	-p	輸出現在的值 ※若無指定參數，則與 -p 會是同樣處理方式
unalias ●刪除別名	unalias 選項　名稱…	-a	刪除所有別名
cat ●顯示檔案內容與連結輸出	cat 選項　檔名	-b	顯示空白行以外的行號
	cat 選項　檔名 1　檔名 2…＞連結後的檔名	-n	顯示所有行的行號
		-s	將連續空白行合併顯示為一行空白行。
chgrp ●變更所屬群組	chgrp 選項　新群組名　檔名	-c	顯示被變更檔案的詳細內容
		-f	不顯示錯誤訊息
		-h	變更符號連結本身的群組
		-R	也變更下一層的目錄與檔案群組
		-v	顯示所有檔案的詳細內容
chmod ●變更權限	Chmod 選項　權限　檔名	-c	顯示變更檔案的詳細內容
		-f	不顯示錯誤訊息
		-R	也變更副目錄與其中檔案的權限
		-v	顯示所有檔案的詳細內容
chown ●變更使用者與所屬群組	chown 選項　新使用者名稱　新群組名　檔名	-c	顯示變更檔案的詳細內容
		-f	不顯示錯誤訊息
	chown 選項　新群組名　新檔名	-h	變更符號連結本身的使用者
		-R	也變更下層目錄與檔案使用者
		-v	顯示所有檔案的詳細內容
cp ●複製目錄與檔案／變更其名稱	cp 選項　複製來源檔名　目標目錄	-a	複製時維持屬性與目錄結構（與選項 dpR 相同）
		-d	複製符號連結時，將其複製為連結。
		-f	目的地有同名檔案時，不警告即覆蓋。
		-i	目的地有同名檔案時，會確認處理方式。
		-l	建立硬連結，而非複製檔案
	cp 選項　變更來源檔名　目標目錄	-p	複製時維持擁有者、群組、權限、時戳
		-R	複製時同時複製目錄與其中的檔案及目錄
		-s	複製為符號連結，而非複製檔案
		-u	存在同名檔案時，若最後更新日期還很新，則不複製
		-v	在複製前先顯示檔名

指令名稱與功用	格式	選項	選項的說明
date ●顯示／設定系統時間	date 選項 日期時間	（無）	●日期時間寫法：MMDDhhmm[CC][YY][ss] ●MM…月 ●DD…日 ●hh…時 ●mm…分 ●CC…西曆年份的前兩位數 ●YY…西曆年份的後兩位數 ●ss…秒
df ●顯示磁碟使用狀況	df 選項 檔案	-a	顯示所有檔案系統，包含不占空間（0 blok）的檔案系統。 ※若有指定檔案，則會顯示含有該檔案的檔案系統資訊。
		-k	以千位元組為單位顯示
		-m	以百萬位元組為單位顯示
		-h	以方便人閱讀的格式顯示
dnf ●管理安裝與更新	dnf 選項 指令 套件名稱	-y	在確認安裝等情況中省略「y」的輸入。
			●主要的指令 ●check-update…顯示可更新的套件 ●upgrate…執行所有套件，或是指定套件的升級 ●install…執行指定套件的安裝 ●remove…移除指定套件 ●info…顯示可使用套件或指定套件的資訊 ●list…顯示可使用的套件清單 ●list installed…顯示已安裝的套件清單
du ●顯示檔案／目錄的磁碟容量	du 選項 檔名	-a	除了目錄以外，也顯示檔案資訊
		-k	顯示時以千位元組為單位
		-b	顯示時以位元組為單位
		-m	顯示時以百萬位元組為單位
env ●對特定指令設定環境變數 ●若選項以下的部分被省略時，則顯示環境變數的清單	env 選項 變數名＝值 指令名 env	-i	取消既有環境設定後再行設定
find ●搜尋檔案	find 搜尋位置 搜尋條件 處理方法	●搜尋條件	
		-user 使用者名稱	以檔案擁有者的名稱搜尋
		-name 檔名	以檔名搜尋
		-path 路徑名	以路徑名稱搜尋
		●處理方法	
		-ls	顯示檔案資訊
free ●顯示已使用與可用記憶體	free 選項	-b	顯示時以位元組為單位
		-k	顯示時以千位元組為單位
		-m	顯示時以百萬位元組為單位
grep ●搜尋指定字串	grep 選項 搜尋字串 檔名	-c	只顯示與搜尋字串一致的行
		-i	不區別大、小寫
		-s	不顯示錯誤訊息
		-u	以二進制檔案方式處理
		-v	顯示與搜尋字串不一致的行

1 開始使用 Linux

2 基本的控制

3 掌握編輯器的運用

4 進一步運用 Linux

5 管理系統與使用者

6 開始使用 GUI

7 中文化環境

8 進階操作

9 附錄

指令名稱與功用	格式	選項	選項的說明
groupadd ●建立群組	groupadd 選項　新群組名稱	-g 群組 ID	指定群組 ID
groupdel ●刪除群組	groupdel　群組名稱	—	—
groups ●顯示使用者所屬群組	group 使用者名稱	—	—
halt ●強制退出	halt 選項	-P	可能的話將電源關閉
history ●顯示歷史紀錄	history 選項　顯示件數	-c	清空歷史紀錄
		-d 數字	指定要顯示第幾筆歷史紀錄
		-a 檔名	將殼層啟動後到現在的歷史紀錄新增到指定檔案
		-r 檔名	將目前的歷史紀錄儲存到指定檔案
		-w 檔名	將目前的歷史紀錄儲存至指定的檔案。檔案已存在時則會覆蓋。
id ●顯示有效的使用者 ID 與群組 ID	id 選項　使用者…	-Z	只顯示安全性本文
		-g	只顯示有效的群組 ID
		-G	顯示所有的群組 ID
		-n	顯示時以號碼取代名稱
		-r	顯示實際用戶 ID，而非有效用戶 ID
		-u	只顯示有效用戶 ID
ifconfig ●設定網路介面	ifconfig 介面名稱　選項	up	啟動介面
		down	終止介面
ip ●顯示、設定路由、裝置、策略路由、IP 隧道	ip 選項　物件　指令	-4	使用 IPv4（相當於 -family inet）
		-6	使用 IPv6（相當於 -family inet6）
		-B	使用橋接模式（相當於 -family bridge）
		-D	使用 DECnet（相當於 -family decnet）
		-I	使用 IPX（相當於 -family IPX）
		-0	使用資料鏈協定（相當於 -family link）
		-l 次數	設定「ip addr flush」的試行次數（既定值為 10、0，沒有次數限制）
		-b 檔案	從檔案讀取指令
		-force	以批次處理模式執行（發生錯誤也不停止）
		-s	顯示詳細資訊
		-o	單行顯示
		-r	不顯示地址，而是顯示 DNS 名稱
			●物件 ●link…網路裝置 ●address…裝置的 IP 位址（IP 或是 IPv6） ●addrlabel…位址標籤 ●neighbour…ARP 或是 NDISC 快取項目 ●route…路由表的項目 ●rule…路由策略資料庫中的規則 ●maddress…多播位址 ●mroute…多播路由的快取項目 ●tunnel…IP 隧道 ●xfrm…適用於 Ipsec 政策的框架

指令名稱與功用	格式	選項	選項的說明
ip（接續上頁） ●顯示、設定路由、裝置、策略路由、IP 隧道	ip 選項　物件　指令		●指令 ● 依據物件種類不同，可以使用的有 add、delete、show（或是 list）等
jobs ●顯示執行中的任務	jobs 選項　任務編號	-l	也顯示程序 ID（PID）
kill ●終止程序與任務 ●向程序與任務傳送訊號（或是訊號編號）	●kill 選項　程序編號（任務編號） ●kill- 訊號　程序編號（任務編號） ●訊號名稱（訊號編號）……意思 ●HUP（1）……通知程序重新啟動 ●INT（2）……通知程序插入 ●QUIT（3）……通知程序終止 ●KILL（9）……通知程序強制終止 ●TERM（15）……通知程式終止 ●STOP（17）……通知程序中斷 ●COMT（19）……通知程序重新啟動	-l 訊號 - 訊號 -s 訊號	●若指定訊號 ● 訊號編號會轉換為訊號名稱，訊號名稱會轉換為訊號編號 ●若訊號被省略 ● 顯示訊號清單 將指定訊號傳送給程序或任務
less ●瀏覽文字檔	less 選項　檔名 ●內部指令 ●[f]、[Ctrl]+[f]、[z]、[Space]……往下一頁移動 ●[b]、[Ctrl]+[b] ……回到上一頁 ●[j]、[Ctrl]+[n]、[Enter]……往下一行 ●[k]、[Ctrl]+[p]……往上一行 ●[d]、[Ctrl]+[d]……往下半頁 ●[u]、[Ctrl]+[u]……往上半頁 ●[g]、[Esc][>]、[<]……移動到檔案開頭 ●[G]、[Esc][<]、[>]……移動到檔案末端 ●[/] 字串……往前查詢指定字串 ●[?] 字串……往後查詢指定字串 ●[n]……重新搜尋字串 ●[N]……往反方向重新搜尋字串 ●[]、[Ctrl]+ [g]、[:][f]……顯示檔案資訊與現在位置 ●[m] 字元……將現在位置記憶為指定的字元 ●[:] 字元……移動至「[m] 字元」所記憶的位置 ●[r]、[Ctrl]+[l]……重新描繪畫面 ●[h]……顯示說明 ●[']……回到剛才開始搜尋的位置 ●[:]、[f]……顯示目前的檔名與位置 ●[q]、[Q][Z][Z]、[:][q]、[:][Q]……終止 ●[:][n]……於命令列讀取指定檔案清單的下一個檔案 ●[:][p]……於命令列讀取指定檔案清單的前一個檔案 ●[:][x]……於命令列讀取指定檔案清單的第一個檔案 ●[:][d]……從檔案清單中刪除目前檔案	-s -S	顯示時以一行空白行取代連續空白行 顯示較長行時不換列顯示
ln ●建立連結檔	ln 選項　來源檔　連結檔	-b	覆蓋檔案時會建立備份
		-f	有同名檔案時不經警告就覆蓋
		-i	有同名檔案時會進行確認
		-s	建立符號連結
		-v	顯示檔名
locale ●顯示本地化相關資訊	locale	-a	顯示所有可使用的本地化
		-m	顯示所有可使用的字元編碼
ls ●顯示目錄內的資訊	ls 選項　檔名	-a	顯示時也會連同顯示檔名開頭有"."的檔案
		-F	顯示時會顯示分類檔案類型的符號

1 開始使用 Linux

2 基本的控制

3 掌握編輯器的運用

4 進一步運用 Linux

5 管理系統與使用者

6 開始使用 GUI

7 中文化環境

8 進階操作

9 附錄

指令名稱與功用	格式	選項	選項的說明
ls（接續上頁） ●顯示目錄內的資訊	ls 選項　檔名	-l	顯示詳細資訊（除了檔名，還有檔案類型、權限、硬連結數、擁有者、所屬群組、檔案大小、更新日期與時間）
		-R	顯示所有副目錄裡的檔案、目錄
		-t	顯示時以最後更新的日期、時間由新至舊排序
		-1	顯示時 1 行顯示 1 個檔案
man ●顯示說明檔	man 選項　指令名稱	-P 程式名稱	使用指定名稱的畫面顯示程式。預設為 less
mkdir ●建立目錄	mkdir 選項　目錄名稱	-m 模式	指定權限
		-p	含於指定路徑的目錄不存在時，也會建立該目錄
more ●瀏覽文字檔	More 選項　檔名 ●內部指令 ●[f]、[Ctrl]+[f]、[z][Space]……往下一頁 ●[b]、[Ctrl]+[b]……前往上一頁 ●[Ctrl]+[j]、[Enter]……移動至下一行 ●[/] 字串……向下搜尋指定字串 ●[']……回到上一個搜尋位置 ●[:]、[f]……顯示目前的檔名與位置 ●[h]、[?]……顯示說明 ●[q]、[Q]……退出 ●[:n]……在命令列讀取指定檔案清單的下一個檔案 ●[:p]……在命令列讀取指定檔案清單的前一個檔案 ●[.]……重新執行前一個指令	-s	顯示時以 1 行空白行取代連續空白行
mount ●檔案系統的掛載	mount　裝置　目錄	-t 類型	指定掛載檔案系統的類型
		-l	顯示已掛載檔案系統的清單
		-v	顯示詳細資訊
		-a	將所有記錄於 fstab 中的檔案系統掛載
		-r	以唯獨方式掛載檔案系統
		-L 標籤	於 mount 輸出時增列標籤
umount ●卸載檔案系統	umount 選項	-t 類型	指定卸載檔案系統的類型
		-v	顯示詳細資訊
		-a	將所有記錄於 mtab 中的檔案系統卸載
		-f	強制卸載
mv ●移動檔案與目錄 ●變更檔名	mv 選項　檔名　目標目錄	-b	覆蓋檔案時會建立備份
		-f	目的地有同名檔案時，不警告即覆蓋。
	mv 選項　原檔名變更後的檔名	-i	目的地有同名檔案時，會確認處理方式。
		-u	存在同名檔案時，若最後更新日期還很新，則不複製
		-v	在複製前先顯示檔名
newgrp ●登入至新群組	newgrp 群組名	—	—

指令名稱與功用	格式	選項	選項的說明
		-type= 類型	指定顯示內容…mx：MX 記錄、ns：名稱伺服器、soa：SOA（start of authority）記錄 ※若是省略 DNS 伺服器，就會採用預設的內容
		- 連接埠號	指定查詢時所使用的連接埠號（既定數值為 53） ※如不指定參數，則會開啟互動模式
nslooup ●查詢名稱伺服器	nslookup 選項　主機名　DNS 伺服器		●互動模式的主要指令 ● 主機名　DNS 伺服器名稱…使用 DNS 伺服器查詢主機相關資訊 ●server DNS 伺服器名稱…切換既定的 DNS 伺服器 ●root…將既定的 DNS 伺服器切換為根伺服器 ●ls 域名…顯示所能取得的網域相關資訊 ●exit…結束互動模式
●查詢網路上主機相關的 DNS 資訊	nslookup 主機名　DNS 伺服器名稱	（無）	●內部指令 ●host 主機名……指定希望取得資訊的主機名 ●server 伺服器名稱……將查詢資訊的 DNS 伺服器變更為指定伺服器名稱 ●ls 域名…… 顯示從指定網域所能取得的資訊清單 ●help……顯示內部指令的說明 ●exit…退出
	nslookup-DNS 伺服器名稱		
passwd ●變更使用者密碼	passwd 選項　使用者名稱	-l	鎖定使用者帳號，使其無法登入
		-d	刪除使用者密碼
		-u	將使用者帳號解鎖
pwd ●顯示當前目錄	pwd	—	—
ps ●顯示程序的資訊	ps 選項　程序編號	-a	顯示所有使用者的程序
	●各項目的意思 ●USER……使用者名稱 ●UID……用戶 ID ●PID……程序 ID ●PPID……父程序 ID ●TT、TTY……終端機 ●STAT……程序的狀態 ●TIME……CPU 時間 ●COMMAND……指令 ●%CPU……CPU 使用率 ●%MEM……記憶體使用率 ●SIZE……虛擬記憶體用量 ●RSS……常駐集大小 ●START……開始時間 ●FLAGS……旗標 ●NI……程序的優先度 ●WCHAN……等待時的位址 ●PAGEIN……分頁錯誤次數 ●TSIZ……文字大小 ●DSIZ……資料大小 ●LIM……記憶體控制	-l	顯示程序狀態、優先度等更詳細資訊
		-u	顯示使用者名稱與開始時間
		-x	顯示時也連同顯示無終端機的程序
rm ●刪除檔案與目錄	rm 選項　檔名	-f	未以訊息確認就刪除
		-i	對每個檔案逐一顯示確認訊息
		-r	全數刪除目錄與其中的檔案

1 開始使用 Linux

2 基本的控制

3 掌握編輯器的運用

4 進一步運用 Linux

5 管理系統與使用者

6 開始使用 GUI

7 中文化環境

8 進階操作

9 附錄

指令名稱與功用	格式	選項	選項的說明
rm（接續上頁） ●刪除檔案與目錄	rm 選項　檔名	-v	顯示刪除的檔名
rmdir ●刪除目錄	rmdir 選項　目錄名稱	-p	刪除目錄後，也將變成空目錄的父目錄刪除。
rpm ●管理套件檔案的安裝	rpm 指令　選項　套件檔名	●指令	
		-i	安裝
		-e	移除
		-U	升級
		-F	只將已安裝的檔案升級到最新版
		-q	查詢
		●選項	
		-v	顯示詳細資訊
		-h	顯示安裝與升級的進度
		-a	查詢（與 -q 一起使用）
		-i	顯示套件資訊（與 q 一起使用）
		-l	顯示套件所包含的檔案（與 q 一起使用）
sftp ●安全傳送檔案	sftp 主機名稱或是 IP 位址	-1	使用 SSH 協定 V1
		-2	使用 SSH 協定 V2
		-4	強制使用 IPv4 位址
		-6	強制使用 IPv6 位址
		-B 數值	指定緩衝區大小（既定值為 32768）
		-C	啟用壓縮功能
		-P 連接埠號	指定存取的連接埠號
		-i 檔名	指定私鑰檔
		-l 數值	限制網路頻寬（單位：Kbps）
		-p	也傳送原檔案最後修改時間、最後存取時間、權限
		-r	將目錄遞迴傳送
			●sftp 指令 ●get 檔名…下載檔案 ●mget 條件…下載多個檔案 ●put…上傳檔案 ●mput 條件…上傳多個檔案 ●lcd…變更本地電腦的當前目錄 ●bye 或 exit…退出 sftp ● 可於其他存取處使用的 Linux 基本指令
shudown ●關機	shutdown 選項　時間指定訊息	-h	關機
		-r	重新啟動系統
		-k	只傳送通知給登入中的所有使用者，並不會關機
		now	馬上關機
sort ●排列文字檔的行	sort 選項　檔名	-f	不區分字母大小寫
		-i	無視 ASCII 以外的字元
		-r	以降幕重新排列

指令名稱與功用	格式	選項	選項的說明
ssh ●以 ssh 做遠端連線	SSH 選項　主機名稱 SSH 選項　主機名稱　希望於存取處執行的指令		
stat ●顯示檔案與檔案系統的狀態	stat 選項　檔案	-L	支援符號連接
		-f	顯示檔案系統的資訊
		-t	以簡潔的方式顯示
su ●切換為別的使用者	su 選項　使用者名稱	-	將環境設定全部改為切換後的設定
		-b	在背景執行指令
		-E	（可能的話）維持目前的環境變數
		-e 檔案	以 root 權限編輯檔案（不需要指定指令）
sudo ●以其他使用者身分執行指令	sudo 選項　指令 ※執行 sudo 時，會需要在 /etc/sudoers 新增帳號，或是加入 sudoers 中已登錄的 wheel 群組。	-g 群組名	指定執行時的群組名稱
		-i	啟動變更位置的使用者之殼層
		-l	沒有指令時，顯示被允許執行的指令清單。 有指令時，顯示指令的絕對路徑
		-P	不變更群組就執行
		-u 使用者名稱	由指定使用者執行
		●功能指定選項 ……一定要指定以下其中一個	
		-A	將 tar 檔案新增至打包檔案中
		-c	新建立打包檔案
		-d	查詢打包檔案與檔案系統所含有檔案的差異部分
tar ●將檔案存至打包檔案、或從打包檔案中取出檔案	tar 選項　檔名… ※通常會指定如下 ●建立 tar 檔案…tar　–cvf　打包檔名　檔名 ●展開 tar 檔案…tar　–xvf　打包檔名 ●建立 tar.gz 檔案…tar　–zcvf　打包檔名　檔名 ●展開 tar.gz 檔案…tar　–zxvf　打包檔名	-r	在打包檔案的最後新增檔案
		-t	顯示打包檔案內容
		-u	更新打包檔案中之檔案
		-x	從打包檔案中取出檔案
		●其他選項	
		-f	指定打包檔名
		-v	顯示已處理的檔案清單
		-z	以 gzip 壓縮
touch ●變更檔案的存取時間與修正時間	touch 選項　檔名	-a	只變更存取時間
		-m	只變更更新日期、時間
		-d	指定日期、時間（如不指定，則會是目前的日期、時間）
		-f	變更修正時間
type ●顯示指令的路徑與類型	type 選項　指令名	-a	查詢與指定指令相關的所有類型資訊
		-t	只顯示指定指令名稱的類型
useradd ●建立使用者	useradd 選項　使用者名稱	-d 目錄名稱	指定家目錄
		-e 日期	指定帳號有效期限的日期
		-g 群組名	指定主群組

1 開始使用 Linux

2 基本的控制

3 掌握編輯器的運用

4 進一步運用 Linux

5 管理系統與使用者

6 開始使用 GUI

7 中文化環境

8 進階操作

9 附錄

指令名稱與功用	格式	選項	選項的說明
useradd（接續上頁） ●建立使用者	useradd 選項　使用者名稱	-m	若無家目錄則會新建一個。
userdel ●刪除使用者	userdel 選項　使用者名稱	-r	也會刪除使用者家目錄以下的所有檔案
usermod ●變更使用者資訊	usermod 選項　使用者名稱	-d 目錄名稱	變更家目錄
		-e 日期	變更帳號的有效期限
		-g 群組名	變更帳號所屬群組
		-l 使用者名稱	變更使用者名稱
w ●顯示登入中的使用者資訊	w 選項　使用者名稱	-l	詳細顯示
		-s	省略顯示
whereis ●顯示相關路徑	whereis 選項　指令名	-b	只顯示執行檔路徑
		-m	只顯示說明檔路徑
		-s	只顯示源目錄的路徑
which ●顯示指令的路徑／別名	which 選項　指令名	-a	顯示所有資訊
who ●顯示登入中的使用者	who 選項	-b	顯示最新的系統啟動時間
		-H	顯示標頭
		-d	顯示殭屍程序
		-l	顯示系統登入程序
		--lookup	顯示正式連接埠名稱，而非 IP 位址
		-m	只顯示標準輸入的相關主機與使用者
		-p	顯示由 init 所啟動的程序
		-q	顯示登入中的使用者與人數
		-r	顯示現在的執行等級
		-s	只顯示登入名稱、迴線、時間（既定值）
		-t	顯示系統時間最後更新的日期、時間
		-T	以 +- 顯示使用者的訊息狀態
		-u	顯示使用者最後操作以來經過的時間
		-a	顯示所有資訊

Index

Linux の繪本 | 快速上手 LINUX 的九堂課

編　　寫：高橋 誠
製作合作：鍋島 直樹、岡田 佐登子
插　　圖：小林 麻衣子
裝訂和文字設計：坂本 真一郎 (QUOL Design)
譯　　者：何蟬秀
企劃編輯：莊吳行世
文字編輯：江雅鈴
設計裝幀：張寶莉
發 行 人：廖文良

發 行 所：碁峰資訊股份有限公司
地　　址：台北市南港區三重路 66 號 7 樓之 6
電　　話：(02)2788-2408
傳　　真：(02)8192-4433
網　　站：www.gotop.com.tw
書　　號：ACA026200
版　　次：2020 年 11 月初版
　　　　　2024 年 02 月初版二刷
建議售價：NT$380

國家圖書館出版品預行編目資料

Linux の繪本：快速上手 LINUX 的九堂課 / 株式会社アンク 原著；
　何蟬秀譯. -- 初版. -- 臺北市：碁峰資訊, 2020.11
　　面；　公分
　ISBN 978-986-502-653-0(平裝)
　1.作業系統
312.54　　　　　　　　　　　　　　　109017091